THOMAS KLUẞMANN

ONLINE BUSINESS
PRAXISHANDBUCH

- *Die 5 erfolgreichsten Geschäftsmodelle*
- *Die 25 wirkungsvollsten Marketingstrategien*
- *inkl. modifiziertem Business-Plan*
- *inkl. Geschäftsmodell-Vergleich*

GRÜNDER.DE

inkl. Tool-Liste

VIELEN DANK AN

Projektleitung: Jessica Bellmer

Redaktion & Lektorat: Lisa Goldner, Katharina Schell, Insa Schoppe, Christine Münster, Luisa Kleinen

Satz, Design & Umschlagillustration: M. Fahim Ahmadi

Webdesign: Viktoria Knuth, M. Fahim Ahmadi

Vermarktung: Annika Bertsch, Dr. Golo Blasche, David Jovanovic, Philipp Sochaczewski

ISBN 978-3-947473-19-9

1. Auflage

Was ich dir vor dem Lesen unbedingt mitteilen möchte: Aus Gründen der besseren Lesbarkeit habe ich bei Personenbezeichnungen und personenbezogenen Hauptwörtern in diesem Buch das generische Maskulinum verwendet. Doch die entsprechenden Begriffe gelten im Sinne der Gleichbehandlung grundsätzlich für alle Geschlechter. Die verkürzte Sprachform hat nur redaktionelle Gründe und beinhaltet keine Wertung.

INHALT

Vorwort

von Christoph J. F. Schreiber

Erinnerst du dich: Früher durch verschiedene Geschäfte gelaufen, Angebote verglichen, um dann das beste Preis-Leistungs-Verhältnis für die neue Waschmaschine zu finden. Sich durch verschiedene Bücher und Lexika gewälzt, um Antworten auf Fragen zu finden und neues Fachwissen anzueignen. Den Videorekorder angeschmissen und die Kassette aus der Videothek ausgeliehen, um den lang ersehnten Film endlich anschauen zu können. Telefonisch das gebrauchte Auto regional annonciert, um auch sicher Abnehmer zu finden. Erinnerst du dich?

Heute mit nur einem Klick bei Check24 das beste Angebot herausgesucht und die Waschmaschine direkt gekauft. Mit nur einem Klick in wenigen Sekunden die Frage gegoogelt, die einem so sehr auf der Seele gebrannt hat. Mit nur einem Klick bei Netflix die neueste Folge der Lieblingsserie aufgerufen und sofort startbereit. Gebrauchte Sachen bei eBay Kleinanzeigen mit nur einem Klick eingestellt und direkt für Millionen Menschen sichtbar. Klick, verkauft!

Innovative Technologien haben unseren Alltag verändert. Informationen sind in Echtzeit überall abrufbar. Große Player prägen den Markt: Der Marktwert von Amazon beträgt über 800 Milliarden US-Dollar. Das Vermögen von Facebook-Gründer Mark Zuckerberg beträgt rund 100 Milliarden US-Dollar. Der Unternehmenswert von Airbnb beläuft sich auf über 30 Milliarden US-Dollar. Was haben all diese Unternehmen gemeinsam?

Sie sind Internetunternehmen. Und sie alle haben sich auf einem Markt etabliert, der auch für Neueinsteiger ungeahntes Potenzial bietet. Allein in Deutschland beträgt der Marktanteil im E-Commerce über 80 Milliarden Euro. Und anhand der genannten Unternehmen siehst du, wie unterschiedlich Internetunternehmen sein können, im Geschäftsmodell, in der Ausrichtung der Produkte und auch der Erlösmodelle. Ob Online Shop, Affiliate Partner oder als Experte mit einem eigenen Business – viele verschiedene Strategien und Geschäftsideen können sehr gut funktionieren, wenn man weiß, wie man sich ein eigenes und erfolgreiches Online Business aufbaut.

Und genau dieses Wissen, diese Insights von anderen Internetunternehmen, diese Beispiele, von denen du lernen kannst, sind entscheidend für deinen Erfolg im World Wide Web. Wenn du dich weiterentwickeln willst, dir etwas Eigenes aufbauen willst, dann ist es aus meiner Sicht entscheidend, sich dieses neue Ziel erst einmal vorstellen zu können. Und wenn diese Idee, diese Vision, die in dir reift, noch außerhalb deiner Vorstellungskraft liegt, dann brauchst du erst einmal jemanden, der dir aufzeigt, was eigentlich alles möglich ist.

Einer dieser Unternehmer ist Thomas Klußmann. Thomas und ich kennen uns jetzt seit mehr als zehn Jahren und haben schon die verschiedensten Projekte gemeinsam auf die Beine gestellt: Konferenzen, gestreamte Online Veranstaltungen und Gründercoachings – Events von Paderborn bis Bangkok. Ich war wirklich überrascht, als er mir irgendwann mal erzählte, dass er, ländlich aufgewachsen, erst super spät einen Internetzugang auf seinem Dorf bekommen hat – ich glaube, das war 1998. Kaum zu glauben, oder? Denn heute ist er immerhin Seriengründer und ein echtes Online Business Mastermind. Er hat bereits über 500 erfolgreiche Gründungen begleitet und eines der größten Experten-Netzwerke Deutschlands aufgebaut. Ich denke, entscheidend für seinen Erfolg waren – und sind heute noch – seine Disziplin, Strebsamkeit sowie sein Talent, den Fokus auf die Aufgaben zu richten, die dringend und wichtig sind und ihn voranbringen.

Was wir teilen und weswegen wir heute auch ein gemeinsames Unternehmen führen, ist dieser Wille, etwas selbst auf die Beine zu stellen und unternehmerisch tätig zu werden. Und der Spaß, den wir an dieser Arbeit finden. Mit Leidenschaft, Neugierde und Motivation von innen heraus. Und dabei ergänzen wir uns fantastisch, fordern uns aber auch gegenseitig heraus – nicht zuletzt durch kleine Challenges auf Teamfahrten oder Crew-Events. Doch neben dieser kleinen Fehde bewundere ich Thomas. Dafür, mit welcher Energie er aus jedem Projekt auch noch die letzten zehn Prozent rausholt und immer weiter Gas gibt, wo andere sich schon längst mit dem Ergebnis zufrieden gegeben hätten. Warum sollte ich mich mit einem guten Ergebnis zufrieden geben, wenn auch ein besseres möglich ist? Und dieses Energie und dieses Streben nach Erfolg gibt er auch seit Beginn an unsere Kunden weiter. Denn in unserer über zehnjährigen gemeinsamen Selbstständigkeit verwirklichen wir nicht nur uns selbst, wir unterstützen auch andere dabei, die diesen Schritt gehen möchten. Würde ich selbst nochmal von vorne beginnen, könnte ich mir für meine eigene Gründung keinen besser Mentor wünschen als Thomas.

Und dieser Wunsch zur unternehmerischen Selbstständigkeit ist doch genau der Grund, warum du dir dieses Buch gesichert hast. Habe ich recht? Dabei ist es egal, wo du stehst, ob ganz am Anfang nur mit dem Willen, ein eigenes Online Business aufzubauen oder bereits mit der Idee und der aktiven Umsetzung. Vielleicht fehlt dir noch der letzte Funke Mut, das passende Geschäftsmodell, die zündende Online Marketingstrategie. Thomas hat dazu in den letzten Jahren ein unglaubliches Wissen angesammelt, das er regelmäßig in unseren Kickstart Coachings für Gründer weitergibt. Und diese Grundlagen wollte er einfacher zugänglich machen. Zeigen, worauf es beim Gründen ankommt, wie du dich nicht verzettelst und was überhaupt lukrative Strategien sind. Wie ein Nachschlagewerk, bei dem du in jedem Kapitel starten kannst, je nachdem, was dich gerade beschäftigt.

Was mich immer beeindruckt hat an Thomas war, wie selbstverständlich er in der Öffentlichkeit stand, Workshops gab und Vorträge hielt. Wie er von der Seele weg redete und sein Wissen teilte, vollkommen ehrlich und authentisch. Das ist auch heute noch so, Thomas ist das Gesicht von Gründer.de und steht mit seiner Personal Brand für diese Marke. Er hält Seminare an der Uni und steht für die meisten unserer Webinare vor der Kamera. Im Vordergrund steht für Thomas stets, egal was er macht, motivierte Menschen zu befähigen, ihr eigenes Online Business aufzubauen. Deswegen sind alle Produkte, die er verwirklicht, praxisorientiert und -erprobt. Darauf kannst du dich auch in diesem Buch verlassen. Thomas wird dir unzählige Beispiele mit an die Hand geben. Was dabei sein großes Ziel ist?

Dir den Mut zu geben, in die aktive Umsetzung zu kommen. Den Mut, loszulegen, weiterzumachen, auch wenn es nicht der geradlinige Weg ist. Den Mut, über Stolpersteine hinwegzusteigen und den Fokus nie aus den Augen zu verlieren. Den Mut, mit wenig zu starten – und etwas Großes daraus zu machen. Nimm dir die Zeit, setz dich hin und lies dieses Buch – oder das Kapitel, dass du gerade brauchst – und lass dich von Thomas' langjähriger Erfahrung anleiten und inspirieren. So wir er mich und unser Team auch schon oft inspiriert hat. Also, worauf wartest du noch?

Viel Spaß beim Lesen!

Dein Christoph J. F. Schreiber

TEIL 1

1. Träumen, planen, machen

„Was immer du tun kannst oder träumst es zu können, fang damit an.“

– Johann Wolfgang von Goethe –

Selbstständigkeit. Ein eigenes Unternehmen führen. Hätte mir als Kind jemand erzählt, dass ich später mal mit einem Team von über 40 Mitarbeitern eine Geschäftsidee erfolgreich verwirklichen würde, ich hätte ihm nicht geglaubt.

Aufgewachsen bin ich auf einem Bauernhof, unser Dorf hat 35 Häuser. Schwierige familiäre Umstände in der Jugend führten gerade mal zu einem mittelmäßigen Realschulabschluss. Mit Ach und Krach schaffte ich nach der 10. Klasse den Sprung auf's Gymnasium und machte mein Abitur mit Schwerpunkt Wirtschaft. Es schlossen sich Zivildienst im Krankenhaus sowie eine Berufsausbildung als Industriekaufmann an. Und da war ich erstmal und arbeitete im Produktmarketing in meinem Ausbildungsunternehmen – für Zahnbohrer übrigens. Ich weiß, das klingt nicht gerade super spannend, aber ich war zufrieden. Super Unternehmen, tolle Kollegen. Solider und sicherer Job. Irgendwann wuchs aber der Wunsch nach neuen Zielen und Herausforderungen in mir. Und da du dieses Buch in den Händen hältst und immerhin gerade begonnen hast zu lesen, möchte ich behaupten, dass auch du nach neuen Herausforderungen suchst. Du kannst deine Ziele erreichen, wenn du es nur willst!

Ein wichtiger Schritt für mich in meine Selbstständigkeit war die Entscheidung, ein Studium an meine Ausbildung anzuschließen. Aber nicht wegen der Inhalte, wie du sicher denkst – sondern wegen der Menschen, die ich währenddessen kennen gelernt habe. Ich habe in dieser Zeit Prof. Dr. Oliver Pott getroffen, der zu meinem Mentor wurde (Es ist wichtig, sich an Menschen zu orientieren, die schon da stehen, wo du mal hin möchtest, suche dir also Vorbilder!) und Christoph, mit dem ich später auch Gründer.de, meine erste richtige Firma, gegründet habe. Daraus ist mittlerweile eine tiefe Partnerschaft und Freundschaft gewachsen. Warum ich so weit aushole? Ich will dir zeigen, dass nicht jeder Weg geradlinig ist. Meiner war es nicht, ich musste mir alles erarbeiten und führe heute trotzdem mein eigenes Unternehmen. In meinem sehr persönlichen Buch „Meine Unabhängigkeitserklärung" erzähle ich mehr über meinen persönlichen Weg.

Im Prinzip hat sich schon viel früher abgezeichnet, dass es mich mal in die Selbstständigkeit ziehen wird. Mit gerade einmal elf Jahren startete ich mit meinem „Fünf-Mann-Team" einen Brötchen-Lieferservice, vier Jahre später kaufte ich im Großhandel Dauerlutscher für 0,10 DM das Stück und verkaufte sie auf dem Schulhof mit 400 Prozent Gewinnmarge. Ich probierte mich außerdem im „elektronischen Sport" aus, gründete Teams, akquirierte Sponsoren und veranstaltete Turniere – da war ich gerade mal 16. Heute findet man das alles auf Streaming-Plattformen wie Twitch. Während meines Studiums gründete ich einen Online Shop für Uhren. Aber das soll erst später in Kapitel 6 zum Thema werden.

Gründen. Das ist aus meiner Sicht das lohnendste Abenteuer der Welt und für jeden möglich. Und dafür bedarf es aus meiner Sicht keiner langjährigen theoretischen Planung und seitenweise Businessplänen. Ich möchte dich in die aktive Umsetzung bringen und dir zeigen, worauf es beim Gründen eigentlich ankommt. Und zwar anhand meiner eigenen Gründung der Gründer.de GmbH (die mittlerweile in der Digital Beat GmbH als Dachmarke aufgegangen ist). Leg los – werde aktiv!

Entscheide dich, verpflichte dich

Jede Unternehmensgründung beginnt mit einer aktiven und bewussten Entscheidung für die Selbstständigkeit und dem Ziel, eine Geschäftsidee umzusetzen. Beides ist extrem wichtig. Der Wille zur Selbstständigkeit ist deine Basis, damit du überhaupt in die Umsetzung kommen kannst. Das allein reicht aber nicht aus. Du brauchst auch eine Geschäftsidee. Bei meinem Uhrenshop trieb mich vordergründig der Wille zur Selbstständigkeit an. Bei Gründer.de hingegen stand die Geschäftsidee im Vordergrund. So oder so, du brauchst eine Vision, ein Ziel und den Willen, dieses Ziel auch zu erreichen. Dabei kann dir ein Businessplan helfen. Ich selbst bin kein Fan von langen Planungsprozessen, daher möchte ich dir einen modifizierten Businessplan vorstellen. Keine Sorge, das wird kein ellenlanger Plan mit tausend Kapiteln. Es ist vielmehr ein Wegweiser.

Entwirf einen modifizierten Businessplan

Wer mich kennt, weiß, dass ich mit allen Ideen am liebsten sofort in die Umsetzung gehen möchte. Lange Bedenkzeiten und Abstimmungsprozesse gibt es bei mir nicht. Natürlich nehme ich mir Zeit, alles genau zu überlegen und vielleicht die ein oder andere Kalkulation in einer Excel-Tabelle festzuhalten – aber an sich bin ich davon überzeugt, dass ein Plan dazu da ist, diesen auch umzusetzen. Und das innerhalb eines kurzen Zeitraums. Ausführliche Businesspläne sind Zeitverschwendung, meiner Meinung nach.

Lustigerweise gibt es einen Businessplan, den ich damals wirklich ausführlich angefertigt habe. Mit allem, was in der Theorie dazu gehört. Das hatte allerdings nur einen Zweck: einen Zuschuss von der KFW Bank für ein Gründercoaching zu bekommen. Was soll ich sagen? Ich hab den Zuschuss bekommen – aufgrund dieses Businessplans. Und genau deshalb möchte ich dieses Thema auch in diesem Buch aufführen, weil es eben helfen kann, die notwendigen Finanzierungshilfen zu bekommen. Aber ich habe das Ganze etwas modifiziert.

Kapitel 1 Deine Vision

Deine Vision ist wirklich entscheidend. Hier geht es nicht nur um einen Satz, den du in deinem modifizierten Businessplan festhältst, es geht um deine Motivation und deine Ziele. Wir haben uns damals vorgenommen, mit Gründer.de konkret Know-how für Gründer und Selbstständige bereitzustellen und somit Wissenstransfer zu ermöglichen. Und das machen wir heute noch, unsere Vision hat sich seitdem nicht verändert. Daran richten wir auch unsere Ziele aus: Wie können wir diesen Wissensaustausch möglich machen? Die Basis ist unser Gründer.de Onlinemagazin mit einer immensen Auswahl an Themen, die zum Gründen relevant sind: Leadership und Management, Finanzierung und Recht, Marketing und Vertrieb. Ergänzt wird unser Magazin durch Online Marketing Produkte, Events, Seminare, Online-Kurse und Coachings.

Was ich dir damit sagen will: **Bring deine Vision deutlich auf den Punkt und formuliere deine Ziele SMART – das bedeutet spezifisch, messbar, akzeptiert/attraktiv, realistisch und terminierbar.** Ich empfehle dir außerdem, deine Entscheidung zur Selbstständigkeit zu begründen. Das kannst du für dich selbst festhalten oder mit Familie, Partnern oder Freunden teilen. Du fragst dich sicher, weshalb ich es für so wichtig erachte, dass du dein WARUM bestimmst und festhältst. Ich habe die Erfahrung gemacht, dass es wichtig ist, dass man sich zur Umsetzung einer Idee verpflichtet. Viele reden immer nur und kommen gar nicht richtig in die Umsetzung. Sei es das Ziel, mehr Sport zu treiben, sich weiterzubilden oder eben zu gründen. Mit einer Verpflichtung zu dir selbst oder deinen Mitmenschen gegenüber bleibst du aber auf Kurs und wirst auch viel wahrscheinlicher in die Umsetzung kommen.

Dein erstes Kapitel in deinem modifiziertem Businessplan sollte maximal eine Seite lang sein.

Kapitel 2 Geschäftsidee und Geschäftsmodell

Im zweiten Kapitel deines modifizierten Businessplans geht es nun um die konkrete Geschäftsidee und das dazu passende Geschäftsmodell. Bei der Gründung von Gründer.de war die Geschäftsidee da, aber auch direkt der Plan, wie man damit Geld verdienen kann. Wir orientierten uns an erfolgreichen Geschäftsmodellen, die bereits existierten. Deshalb wussten wir genau, dass das Modell, digitale Produkte zu vermarkten, wie Videokurse, E-Books und Coachings, funktioniert. Das war bekannt und kein spezielles Insiderwissen. Es gab einen Markt dafür und wir wollten partizipieren. Und ich bin auch heute noch immer ein sehr großer Freund davon, unternehmerisch exakt auf Modelle zu setzen, bei denen man weiß, dass sie funktionieren. Klar, man muss sich im Detail immer die Frage stellen, was kann ich besser machen als andere, aber es ist aus meiner Sicht immer empfehlenswert, etwas Bewährtes an den Start zu bringen.

Und diese Devise gilt auch für alle anderen Lebensbereiche. Wenn ich einen Marathon laufen will, dann weiß ich anfangs nicht, wie man für diesen trainiert – und deswegen greife ich auf bewährte Trainingspläne zurück. Habe ich dann an einem Marathon teilgenommen oder zumindest mal fortgeschrittene Lernerfahrung durch viel Training, dann kann ich diesen

Plan natürlich individualisieren und anpassen. Klingt logisch, oder?

Eine Geschäftsidee ist somit mehr als ein bloßer Einfall. Sie beinhaltet den gesamten Weg vom Einfall bis zum Markt. Und genau hier scheitern die meisten „Millionen-Ideen". Viele Menschen unterschätzen die Dynamik des Gegenwindes, der ihnen von der Idee bis zur Markteinführung entgegen weht. Und genau deshalb werden viele Ideen gar nicht am Markt umgesetzt.

Aber woher weißt du nun, dass eine Idee auch wirklich eine erfolgreiche Geschäftsidee sein kann? Eine funktionierende Geschäftsidee hast du gefunden, wenn sie diese drei Faktoren erfüllt:

- Die Idee löst ein echtes Problem.
- Die Idee passt zu deiner Gründerpersönlichkeit.
- Die Idee trifft auf einen Markt, der groß genug ist, damit dein Unternehmen langfristig davon leben kann.

Versuche auch hier nicht mehr als zwei Seiten einzuplanen, um deine Geschäftsidee mit dem passenden Geschäftsmodell zu beschreiben.

Kapitel 3 Finanzierung und der rechtliche Rahmen

Auch zur Finanzierung haben Christoph und ich uns keine großen Gedanken gemacht. Denn hier war sehr schnell klar, dass wir die Finanzierung selber stemmen wollten. Klar sind Förderungen hilfreich, aber sie ziehen oftmals Abhängigkeiten von anderen mit sich und das kann sehr gefährlich und zeitraubend sein. Den Zuschuss, den ich am Anfang erwähnte, haben wir auch dankend angenommen, aber da war die Gründung schon durch.

Die Selbstfinanzierung war uns so wichtig, dass wir auch unser Geschäftsmodell darauf hin auslegten. Wir wollten unbedingt mit geringem Startkapital selber starten.

Und du brauchst am Anfang auch nicht viel Geld mit einem Online Business. Im Wesentlichen brauchst du zu Beginn deine eigene Arbeitsleistung, die ja faktisch kostenlos ist. Klar, du musst auch noch irgendwie deine Miete zahlen, aber dein Gehalt kann in der Anfangsphase ja zumindest etwas geringer ausfallen.

Bist du bei der Gründung hingegen auf Fremdkapital angewiesen, ist die Suche nach Geldgebern und Investoren notwendig. Dabei müssen Geldgeber nicht immer professionelle Investoren sein – einer der offensichtlichsten Bereiche, in denen du frühzeitig Investoren für dein Startup finden kannst, ist dein direktes, privates Umfeld. Bekannte und Verwandte kennen dich persönlich. Eine Einschätzung deines Teams und euren Kompetenzen ist somit aus einem ganz speziellen Blickwinkel möglich, wie ihn andere Investoren nicht haben. Auch ein Vertrauensvorschuss ist ein Vorteil, wenn erkennbar ist, dass du dich „der Sache verpflichtet hast".

Aber bedenke: Geld vom persönlichen Umfeld anzunehmen, hat auch seine Tücken. „Beim Geld hört die Freundschaft auf", so lautet ein bekanntes Sprichwort. Überlege dir also sehr gründlich, ob eine Trennung zwischen persönlichen und geschäftlichen Themen überhaupt möglich ist.

Bist du auf externe Geldgeber angewiesen, können professionelle Investoren oder auch Banken eine gute Möglichkeit darstellen. Angel Investoren, die in der Branche auch gerne als Business Angels bezeichnet werden, sind meist vermögende Personen, die Kapital in neue Startups investieren, um gemeinsam im Team etwas Neues zu kreieren. Häufig sind Angel Investoren daher auch intrinsisch motiviert und offen dafür, aktiv als Berater zur Seite zu stehen. Für Startups können solche Investoren also sehr wertvoll sein, weil sie nicht nur das nötige Kapital aufbringen, sondern auch wichtiges Know-how einbringen, das sonst nur schwer zugänglich ist. Für viele ist das ein großer Pluspunkt. Meins wäre es nicht, muss ich ehrlich sagen. Aber da ist ja jeder unterschiedlich.

Egal wie du dich entscheidest, achte bei allen Entscheidungen und Verträgen auf die Konditionen. Wähle daher am besten Kreditgeber, die sich auf Verhandlungen einlassen und auf Augenhöhe mit dir ins Gespräch gehen. Das ist ganz wichtig.

Aber auch rechtliche Themen gehören zu einer Gründung dazu, wie die richtige Rechtsform zu wählen und sich mit den AGB oder einem Impressum auseinanderzusetzen. Aber bitte versuche, nicht nur die Gefahren zu sehen, die drohen können. **Lass dich von diesen Gedanken nicht verrückt machen. Es gibt heutzutage sehr gute Tools und Plattformen, mit deren Hilfe du ein Impressum erstellen kannst und auch AGB sowie Widerrufsbelehrungen generierst.** Das geht zum Beispiel ganz leicht über TrustedShops, mit dem Impressum-Generator von www.impressum-generator.de oder auf AGB.de.

Ich habe in den letzten zehn Jahren viele angehende Gründer in den Coachings gehabt, die wegen der Angst vor rechtlichen Hürden nie in die Umsetzung gegangen sind. Ich halte das wirklich für völlig unbegründet. Klar, das theoretische Risiko besteht immer, aber es gibt für alles Lösungen und Hilfestellungen. Zu einigen Bereichen lohnt sich die Expertise von Rechtsexperten. Auch Christoph und ich haben unseren Anwalt des Vertrauens. Zudem kannst du auch diverse Beratungsangebote für Existenzgründer in Anspruch nehmen, bei denen mit dir zusammen alle wichtigen Fragen im Vorhinein geklärt werden können.

Kapitel 4 Deine Positionierung

Das letzte Kapitel in deinem modifizierten Businessplan ist die Positionierung. Wie positioniert man sich? Eine gute Positionierung fängt schon bei der Geschäftsidee an. Hast du bspw. ein Produkt oder eine Dienstleistung, welches die Lösung für das Problem deiner potenziellen Kunden darstellt, hast du bereits einen essentiellen Schritt getan.

Im Prinzip ist eine perfekte Positionierung aber auch eine Mischung aus dem, was man selbst kann, aus dem, was die Wettbewerber machen und aus dem, was am Markt gefragt ist. Ich hatte damals das große Glück, dass ich mich verstärkt auf Social Media Marketing positioniert habe. Das war ein komplett neues Thema und zog Veränderung in den Märkten nach sich. Innovationen, neue Strategien, neue Erkenntnisse und technologischer Fortschritt sind immer große Chancen für jeden, der neu einsteigt.

Aber auch hier gilt: Schreibe kurz und prägnant auf maximal einer Seite auf, was deine Stärken und Qualitäten sind und welchen Vorteil du gegenüber deinen Konkurrenten besitzt. Um deine Stärken und Vorteile herauszufinden, kannst du auch die SWOT-Analyse (Strengths, Weaknesses, Opportunities und Threats) durchführen. Dafür durchläufst du in vier Schritten folgende Analysen:

- **Selbstanalyse:** Was sind deine Stärken und Schwächen?
- **Marktanalyse:** Welche Chancen und externe Risiken könnten sich ergeben?
- **Wettbewerbsanalyse:** Wer sind deine Konkurrenten? Wie ist die Qualität deiner Produkte bzw. deines Services?
- **Kundenanalyse:** In welchem Kundensegment bewegst du dich? Was sind die Kundenbedürfnisse?

Nach der Analyse sollte dir nicht nur bewusst sein, was genau deine Strategie ist, sondern auch, welches Alleinstellungsmerkmal du mit deinem Online Business aufweist. Von dem sogenannten Unique Selling Point (USP) hängt ab, ob dein Unternehmen auf Dauer bestehen kann und ob sich deine Produkte gut verkaufen lassen.

Gehe in die Umsetzung

Jetzt kommt der spannende Teil. Denn alles Wichtige ist geplant, deine Vision und Ziele sind konkretisiert und festgezurrt. Nun solltest du direkt in die Umsetzung gehen. Überlege nicht lange und warte nicht auf den richtigen Moment – denn der richtige Moment wird nie kommen. Erfolg beginnt in der Regel mit drei simplen Buchstaben: T-U-N. Und TUN bedeutet Tag Und Nacht. Von jetzt an ist dein gesamter Fokus auf die Erreichung deiner Vision gerichtet.

Meine bzw. unsere Planungsphase auf theoretischer Ebene hat gerade einmal einen Monat gedauert. Da besaß ich noch einen Vollzeitjob. Christoph und ich haben uns nebenbei intensiv ausgetauscht, Pläne gemacht und sind nach Beendigung meiner Vollzeitbeschäftigung dann konkret in die Umsetzung gegangen.

Angefangen hat alles logischerweise mit der Webseite, um überhaupt sichtbar zu werden. Aber auch, um erst einmal mit Kunden in Kontakt zu kommen und die ein oder anderen Erfahrungswerte direkt umzusetzen. Und genau das möchte ich auch dir empfehlen. Vielleicht hast du hier und da noch Fragen und hast das Gefühl, dass du diese erst klären musst. **Nein, fang einfach an.** Ohne Umsetzung erzielst du keine Resultate. Und ohne Resultate erhältst du keine Möglichkeit auf Erfolg. Du wirst nie erfahren, ob deine Geschäftsidee erfolgreich ist, wenn du Angst davor hast, sie umzusetzen. **Selbst die beste und genialste Geschäftsidee kann nicht zum Erfolg führen, wenn sie niemals umgesetzt wird.**

Wie genau startest du also? Wenn man die Umsetzungsphase herunterbricht, ergeben sich drei wichtige To-Dos.

1. Du brauchst eine Webseite

Egal welche Art von Online Business du betreiben möchtest und für welches Geschäftsmodell du dich entscheidest: eine Webseite ist essentiell. Auch wir sind damit im ersten Step gestartet. Denn zum einen müssen sich potenzielle Kunden über dich, dein Unternehmen, deine Produkte oder Dienstleistungen informieren können. Wer bei Google nicht gefunden wird, existiert praktisch nicht. Zum anderen ist die Webseite für ein Online Business eine wichtige Einnahmequelle. Ob Online Shop oder die Platzierung von Werbung – es gibt viele Möglichkeiten, die eigene Webseite zu monetarisieren.

Auch die Art deiner Webseite kann ganz unterschiedlich ausfallen. Du kannst einfache Homepages einrichten, komplexere Webseiten umsetzen oder dich für einen einfachen Blog entscheiden. Einfache Webseiten lassen sich auch über einen Homepage-Baukasten oder ein Content-Management-System selbst erstellen und designen. Das geht recht gut, auch für absolute Anfänger auf diesem Gebiet. Soll die Webseite hingegen komplexer aufgebaut werden mit vielen zusätzlichen Funktionen oder individuellen Design-Vorstellungen, muss man selbst in die Programmierung gehen. Hast du Programmier-Erfahrungen, sollte dies kein Problem sein. Besitzt du sie nicht, musst du auf externe Unterstützung zurückgreifen oder direkt jemanden einstellen, der dir diese Arbeit abnimmt.

Bedenke bei der Erstellung deiner Webseite die Wahl der passenden Domain. Bei einer Domain handelt es sich ganz einfach gesagt um eine Internetadresse. Jede Domain kann nur einmal vergeben werden und ist somit einzigartig. Damit deine Kunden dein Unternehmen im Internet schnell und einfach finden können, sollte die Domain am besten deinen Firmennamen beinhalten. Im Idealfall hat dein Unternehmen schon einen ausgefallenen oder einzigartigen Namen, sodass du diesen gut als Domain nehmen kannst (wenn diese noch nicht belegt ist). Wenn dies nicht der Fall ist, solltest du intensiver in die Recherche nach geeigneten Domain-Namen einsteigen. Generell lässt sich sagen: Je kürzer deine Domain, desto besser.

2. Finalisiere dein Produkt

Jetzt kommt es darauf an, dein Produkt so zu finalisieren, sodass du es auch an Kunden verkaufen kannst. Überlege dir genau, was noch fehlt, damit deine Kunden den vollen Nutzen deines Produkts erleben können.

Nehmen wir mal an, du bist Experte in einem bestimmten Bereich und möchtest dein Wissen in Online-Kursen weitergeben. Dann solltest du folgende To-Dos auf deiner Liste haben:

- Anmeldeseite für Interessierte bauen
- Content für deine Kunden erstellen
- Kurs-Programm aufstellen, das deine Kunden abarbeiten können
- Geeignete Bezahlmethode und -abwicklung implementieren

Du siehst, es gibt viele Schritte, die bei der Finalisierung deines Produkts wichtig sind. Simuliere am besten den kompletten Weg einmal durch und überlege dir, an welchen Stellen es zu Problemen kommen könnte. Bedenke, dass selbst nach dem Start deines Produkts immer wieder Konflikte auftauchen, die du im laufenden Prozess eliminieren kannst. Jedes Produkt und jede Dienstleistung entwickelt sich stetig weiter und wird auch durch konstruktive Kundenkritik immer besser. **Versuche also nicht mit dem perfekten Produkt zu starten, sondern starte erst einmal und verstehe dann, was „perfekt" für deine Kunden wirklich bedeutet.**

3. Du musst Produktmarketing betreiben

Du musst die richtigen Marketingstrategien anwenden, um dein Produkt auch verkaufen zu können. Diesem Thema widme ich in diesem Buch ein ganzes Kapitel am Ende (Kapitel 8). Marketing ist wichtig. Denn wenn keiner von dir und deinem Produkt gehört hat, ist es schwierig, Umsatz zu generieren. Ich glaube, die erste große Hürde jedes Unternehmers ist, den ersten Kunden zu gewinnen. So war das zumindest bei uns. Und da muss man sich automatisch mit Marketingstrategien auseinandersetzen.

Aber ab diesem Zeitpunkt schöpft man auch eine ganz neue Motivation und kann viel stärker vorwärts gehen. Ich wusste, dass mein Produkt jemanden interessiert und dass es jemand kaufen wird. Das gab mir unendlich viel Rückenwind. Und als wir diese Hürde meisterten, war der Damm gebrochen. Es war der Moment, in dem ich gemerkt habe, dass nun Leute auf uns zukommen, die Produkte kaufen, ohne dass ich vorher erst auf sie zugehen musste. Ohne Akquirierung. Einfach so, weil sie durch unsere Marketingstrategie von uns gehört haben. Und irgendwann hatten wir einen automatisierten Prozess, der dann ganz selbstverständlich Kunden einbrachte und uns Umsatz bescherte. Und schau, was heute daraus geworden ist: Ein Unternehmen mit verschiedenen Markenwelten, eine davon ist Gründer.de. Mit mehr als 40 motivierten Mitarbeitern – und wir wachsen weiter. Mit einem großen Produktportfolio von einem umfangreichen Online Magazin über viele E-Learnings und digitale Produkte, die dich bei deiner Gründung unterstützen können und dir sogar teilweise den Weg erleichtern. Bis hin zu regelmäßigen Coachings, in denen mein Team und ich eine kleine Gruppe ambitionierter Gründer hier in unserem Headquarter briefen und individuelle Fragen besprechen. (Wenn du dich einmal genauer über unser Coaching informieren möchtest, hier erfährst du mehr: ► www.gruender.de/gruendercoaching.)

Überlege dir also, wie du deine Zielgruppe erreichst und auf welche Weise du sie für dein Produkt begeistern kannst. Meiner Meinung nach sind vor allem drei Kriterien wichtig, die in jeder Marketingstrategie bedacht werden müssen:

- Aktualität
- hoher Informationsgehalt
- das Auslösen von Emotionen

Also, worauf kommt es aus meiner Sicht bei der Planung deiner Gründung an, worüber musst du dir wirklich Gedanken machen? Hier kommen meine fünf Empfehlungen für deinen Start:

1. Bestimme deine Zielgruppe.
2. Definiere, welches Problem dieser Zielgruppe du löst.
3. Überlege dir, wie du es löst.
4. Plane, mit welchen Marketingstrategien du deine Zielgruppe erreichst.
5. Entwirf eine Strategie, wie du alles technisch umsetzt.

Und zwar genau in dieser Reihenfolge. Damit bist du gut vorbereitet – und verschwendest auch keine Zeit für unnötige Details. Denn Details kannst du auch immer noch während deiner Wachstumsphase klären.

Zeit für dein Wachstum

Nun ist es an der Zeit, Umsatz und Profit zu generieren. Neben den ersten Wachstumsphasen solltest du dir immer Zeit für eine Selbstanalyse nehmen. Was läuft gut? Was läuft eher nicht so gut? Wo besitzt du Wachstumspotenzial, das noch nicht ausgeschöpft wird? Und nimm die ersten wichtigen Schritte als Erfolge wahr. Mein größter Erfolg war damals mein erster Kunde. Das war ein fantastisches Gefühl!

Aber wirklich realisiert, dass ich mich im Wachstumsprozess befinde, habe ich an dem Punkt, als ich über die Einstellung von Mitarbeitern nachgedacht habe – und es bejaht habe. 2012 stellten wir dann die ersten Mitarbeiter ein. Ich konnte alles deutlich sehen. Unser Geschäftsmodell funktionierte, wir hatten – und haben immer noch – eine Zielgruppe mit einem Problem, das wir lösen können. Bis heute geht es nun darum, dieses Rad immer größer zu drehen.

Natürlich will ich dir damit nicht sagen, dass du zum Wachstum unbedingt Mitarbeiter brauchst. Und nicht jeder will auch Mitarbeiter einstellen, weil damit eine große soziale Verantwortung einhergeht, die man nicht unterschätzen darf.

Vielmehr möchte ich dich dazu ermutigen, auch mal neue Strategien zu wagen, wenn du merkst: Oh, so langsam läuft es. Schaue auch zeitgleich immer auf deine Wettbewerber und schleife an deiner Positionierung. Eine Unternehmensgründung ist ein ständiger Prozess, der auch immer ein wenig Umdenken abverlangt.

TEIL 2

2. Finde das Geschäftsmodell, das zu dir passt

Die Online-Welt hält für dich als Unternehmer eine Menge Chancen bereit. Im virtuellen Reich der unbegrenzten Möglichkeiten kannst du nicht nur deine Geschäftsidee vorsichtig antesten – du kannst dir auch auf unterschiedlichen Wegen Meinungen, Kritiken und Inspirationen suchen. Du kannst schneller an deinem Business herumschrauben, Prozesse ändern und dein Konzept skalieren.

Und beim Stichwort Skalierung sind wir auch schon beim Thema Geschäftsmodelle. Denn hinter deinem Online Business und deiner Geschäftsidee sollte sich immer ein gut durchdachtes Geschäftsmodell verbergen. Ein Geschäftsmodell, das ganz klar eine Strategie verfolgt, ein Erlösmodell beinhaltet, auf deine Leistungen bzw. Produkte ausgerichtet ist und bestimmte Kundensegmente bedient. Und genau deshalb möchte ich dir nun die meines Erachtens fünf besten Geschäftsmodelle vorstellen, mit denen du dir ein erfolgreiches Online Business aufbauen kannst: Digitale Infoprodukte, Affiliate Business, Webinar Business, Dropshipping und Print on Demand.

Ich möchte sogar einen Schritt weiter gehen. **Denn am Ende des Buches sollst du nicht nur wissen, welche Geschäftsmodelle möglich sind, sondern welches Geschäftsmodell auch am besten zu deiner Gründerpersönlichkeit passt.** Wie das möglich ist?

Kommen wir erst einmal zu deiner Gründerpersönlichkeit. Viele glauben, mit der richtigen Geschäftsidee steht dem Erfolg eines Unternehmens absolut nichts mehr im Wege. Doch das ist ein Irrtum, denn für den langfristigen Erfolg sind viele verschiedene Faktoren notwendig. Und dazu zählt auch die sogenannte Gründerpersönlichkeit. Diese setzt sich aus Fähigkeiten zusammen, die ein Unternehmer besitzen sollte, um selbstständig arbeiten und Einnahmen erzielen zu können. Zu diesen Eigenschaften zählen Folgende:

- **Intrinsische Motivation:**
  Das heißt, jede neue Hürde oder Aufgabe sorgt automatisch für einen Motivationsschub. Somit lässt du dich als Unternehmer nicht durch Schwierigkeiten von deinem Weg abbringen und kannst dich immer wieder neu motivieren.

- **Risikobereitschaft:**
  Die Fähigkeit zum eigenverantwortlichen Handeln geht für dich mit der Bereitschaft einher, gewisse Risiken in Kauf zu nehmen. Und auch mit möglichen Konsequenzen umgehen zu können.

- **Effizienz und Zeitmanagement:**
  Generell sind Strukturen ein unbedingter Erfolgsfaktor, wenn bspw. die Einteilung von Arbeitszeiten und das Erreichen von Zielen ansteht. Damit die tägliche Arbeitszeit in einem erträglichen Rahmen bleibt und die Arbeit dabei trotzdem erfüllt wird, sind ein effizientes Vorgehen und gutes Zeitmanagement unerlässlich.

- **Problemlösungsstrategien:**
  Als Unternehmer solltest du neuen Aufgaben mit konstruktiven Problemlösungsstrategien begegnen. Es gibt für jedes Problem eine Lösung und aus jeder schwierigen Situationen einen Ausweg.

- **Lernbereitschaft:**
  Merke dir, du hast nie ausgelernt. Vor allem nicht als Gründer und Unternehmer. Es gibt immer wieder Trends, Veränderungen und neue Situationen, die deinen Unternehmer-Alltag beeinflussen. Und es gibt immer neue Themen und Branchenentwicklungen, mit denen du dich

auseinandersetzen musst. Dein Know-how und deine Expertise müssen mit jedem Tag wachsen.

Versteh mich bitte nicht falsch. Letztendlich heißt es nicht, dass du dein Online Business nur dann gründen und erfolgreich führen kannst, wenn du all diese Eigenschaften besitzt. Vielmehr sind diese Eigenschaften in jedem von uns unterschiedlich ausgeprägt. Deshalb gibt es auch unterschiedliche Gründerpersönlichkeiten. Christoph ist strategischer, kreativer und stärker im Makromanagement. Ich hingegen bin operativer, strukturierter und stärker im Mikromanagement. Der eine ist risikobereiter, der andere dafür strategischer. Und so unterschiedlich wie wir Unternehmer sind, so unterschiedlich führen wir auch unsere Unternehmen.

Damit wir gemeinsam das Geschäftsmodell finden, das am besten zu dir passt, gibt es am Ende jedes Kapitels eine Matrix. Diese Matrix bewertet das jeweilige Geschäftsmodell hinsichtlich sechs Faktoren. Anhand dieser Bewertungen kannst du dann einschätzen, welche Anforderungen notwendig sind, welche Eigenschaften du mitbringen musst und auf welche Herausforderungen du dich einstellen solltest. Mein Ziel ist, dir damit deinen perfekten Start in dein Online Business zu ermöglichen.

In jeder Matrix wird das jeweilige Geschäftsmodell anhand folgender Faktoren bewertet:

1. Technisches Know-how

Je nach Geschäftsmodell und Geschäftsidee musst du unterschiedlich viel technisches Know-how mitbringen. Daher wird hier bewertet, wie viel technisches Wissen Voraussetzung ist. Dies bezieht sich bspw. auf Kenntnisse in den Bereichen Webdesign, Grafik, Videoproduktion oder Programmierung. Lass dich aber von notwendigem technischen Vorwissen nicht ausbremsen, wenn du dich für ein bestimmtes Geschäftsmodell interessierst! Erstens kannst du dir viele technische Grundlagen aneignen.

Und zweitens kannst du dir gezielt für bestimmte Schritte während deiner Gründung Unterstützung holen, bspw. von einem Webdesigner beim Aufbau deiner Webseite.

2. Wöchentlicher Zeitaufwand

Für die Entscheidung für oder gegen ein Geschäftsmodell spielt auch der Zeitaufwand eine bedeutende Rolle. Wie zeitintensiv sind die einzelnen Geschäftsmodelle hinsichtlich des Aufbaus und der Pflege? In welche Geschäftsmodelle musst du regelmäßig bzw. wöchentlich Zeit investieren und welche laufen quasi „von alleine"? Ich gebe dir meine Einschätzung am Ende eines jeden Geschäftsmodell-Kapitels mit.

3. Rendite

Ein wichtiger Faktor ist zudem die Rentabilität, denn diese drückt das Verhältnis von Chance und Risiko für dein Online Business aus. Und diese Einschätzung brauchst du, um kalkulieren zu können, wie rentabel das Geschäftsmodell sein kann. Daher wird hier die Höhe des Gewinns in Verhältnis zum Risiko und auch dem benötigten Startkapital gesetzt und gesamtheitlich als Rendite bewertet.

4. Passives Einkommen

Dieser Punkt liegt mir besonders am Herzen. Ich bin ein großer Fan davon, Einkommensströme zu automatisieren, damit du kontinuierlich von deiner Arbeit profitierst. Einen bedeutenden Vorteil hast du dann, wenn dein Geschäftsmodell so aufgebaut ist, dass es passives Einkommen generiert. Und das gelingt dir, wenn du dein Online Business gut skalieren kannst. Gibt es bspw. Produkte, die du einmal erstellst und dann immer wieder verkaufen kannst? Kannst du es schaffen, nicht nach aufgewendeter Zeit bezahlt zu werden, sondern nach erreichtem Nutzen? Kannst du Prozesse automatisieren?

5. Persönliche Sichtbarkeit

Als Unternehmer bist du der Kopf deines Online Business. Je nach Geschäftsmodell bist du auch das Gesicht deines Unternehmens und zeigst dieses auch in der Öffentlichkeit. Daher werden die Geschäftsmodelle hinsichtlich der persönlichen Sichtbarkeit bewertet. Hast du bspw. viel Kundenkontakt? Funktioniert dein Business nur mit dir als Experte vor der Kamera? Stehst du im Mittelpunkt deines Geschäfts?

6. Flexibilität

Nicht alle können sich mit geregelten und festen Unternehmensstrukturen anfreunden. Nicht für alle gehört zur Selbstständigkeit auch, täglich ins Büro zu fahren oder zu bestimmten Zeit am Laptop arbeiten zu wollen. Und nicht alle möchten sich von Partnern oder anderen Dienstleistern abhängig machen. Daher darf auch dieser Faktor in der Bewertung nicht fehlen.

Geschäftsmodell					
technisches Know-how	○	○	○	○	○
wöchentlicher Zeitaufwand	○	○	○	○	○
Rendite	○	○	○	○	○
Passives Einkommen	○	○	○	○	○
persönliche Sichtbarkeit	○	○	○	○	○
Flexibilität	○	○	○	○	○

Du wirst die Bewertungsmatrix am Ende jedes Geschäftsmodell-Kapitels finden. Eine Punkteskala von eins (niedrig) bis fünf (hoch) ordnet die Ausprägung der eben vorgestellten Faktoren für jedes Geschäftsmodell ein. So kannst du schnell und auf einen Blick erkennen, welches Geschäftsmodell zu dir und deinen Anforderungen passt oder welche Modelle sich vielleicht ideal verbinden lassen. Wenn du am Ende jedes Kapitels noch tief greifende Informationen zu den einzelnen Geschäftsmodellen erfahren möchtest, dann schau gerne in unseren Online Seminaren vorbei, die wir kostenlos für dich erstellt haben. Diese haben wir ganz einfach für dich zugänglich gemacht: über einen kurzen Link oder per QR Code. Den Code scannst du einfach mit deinem Smartphone und gelangst direkt zum Webinar. Also leg dein Smartphone nicht so weit weg – ich werde dich sowieso hier und da mal auffordern, etwas zu googeln. Immerhin sollst du in diesem Buch direkt Einblicke aus der Praxis mitnehmen!

3. Affiliate Business

Sagt dir der Name Bianca Claßen etwas? Oder der Name „BibisBeautyPalace"? Nein? Ich würde mal behaupten, die meisten Frauen im Alter von 15 bis 25 Jahren werden sie definitiv kennen. Bianca Claßen, auch Bibi genannt, ist mit ihrem YouTube Channel und ihren Accounts auf Instagram und Co. eine der erfolgreichsten Influencer in Deutschland. Mehrere Millionen Menschen folgen ihren Profilen (allein auf Instagram sind es über 7 Millionen) und nehmen so an ihrem Leben teil. Weil Bibi eine unglaublich hohe Reichweite hat, ist sie auch für sämtliche Unternehmen als Werbepartner im Bereich Beauty, Lifestyle und Mode interessant. Alles, was Bibi in die Kamera hält, selbst nutzt und empfiehlt, wird auch von ihren Followern gekauft. In jedem dritten Post auf ihrem Profil macht sie Werbung für Produkte und verlost Geschenke und Gutscheincodes. Klassisches Influencer Marketing, worauf ich in Kapitel 8 bei den Online Marketingstrategien nochmal näher eingehen werde.

Aber warum erzähle ich dir von Bibi? Weil die Tätigkeit als Influencer auf dem klassischen Geschäftsmodell des Affiliate Business aufbaut. Zugegeben, Beauty und Co. ist nicht ganz meine Branche, aber einfach ein so prominentes Beispiel, dass ich dir damit das Geschäftsmodell visualisieren möchte. Doch keine Angst. Nicht nur große Fische wie Bibi können ein Affiliate Business aufbauen, auch du kannst das. Und ich möchte dir erklären, wie.

Immer wieder höre oder lese ich folgende Aussagen: „Affiliate Marketing ist tot". „Affiliate Marketing besteht nur aus Gutscheinen". „Durch Storni kann ich mir viele Provisionen sparen"...

Soll ich noch mehr Mythen rund um Affiliate Marketing aufzählen? Im Internet findet man haufenweise Vorurteile, falsche Annahmen und Unwahrheiten zu diesem Geschäftsmodell. Tu mir bitte einen Gefallen und vergiss solche unseriösen Seiten. – Lies lieber dieses Buchkapitel.

Auch heute noch ist Affiliate Marketing sowohl eine relevante Marketingstrategie als auch ein funktionierendes und wirklich lukratives Geschäftsmodell. Jeder siebte Euro im Onlinehandel wird durch Affiliate Marketing generiert. Und der Markt wächst seit Jahren konstant um etwa zehn Prozent jährlich! Ich denke, die meisten werden sicherlich von diesem Geschäftsmodell gehört haben. Für die, die damit noch nicht in Berührung gekommen sind, möchte ich es ganz kurz auf den Punkt bringen: Als Affiliate verkaufst du Produkte – aber nicht deine eigenen.

Hört sich doch ziemlich spannend an, Geld mit Produkten anderer zu verdienen, oder? Dass man mit Affiliate Marketing gutes Geld verdienen kann, ist längst kein Geheimnis mehr. Und trotzdem trauen sich viele nicht an die Thematik heran. Warum? Meiner Meinung nach haben die meisten noch nicht erkannt, wie einfach es sein kann, ein Affiliate Business zu starten. Es bedarf weder überdurchschnittlichem Technik-Know-how noch sehr intensiven Zeitaufwand.

Was ist ein Affiliate Business?

Weil meine erste Beschreibung sehr schwammig war, möchte ich dir Affiliate Marketing nochmal genauer erklären.

Affiliate Marketing beschreibt im Prinzip die Zusammenarbeit von Vertriebspartnern mit dem Ziel, Produkte zu verkaufen und Geld zu verdienen. Die sogenannten Affiliates bewerben also Produkte von Herstellern oder Händlern und erhalten im Gegenzug eine Provision. **Vereinfacht ausgedrückt: Affiliates helfen dabei, fremde Produkte zu vertreiben.** Dieses Prinzip funktioniert gleichermaßen auch für Dienstleistungen. Und weil Affiliates sozusagen andere Produkte empfehlen, wird dieses Geschäftsmodell auch Empfehlungsmarketing genannt.

Sicherlich kennst du auch schon verschiedene Affiliate Business, auch wenn du den Namen des Geschäftsmodells so noch nicht gehört hast. Hast du kürzlich eine Produktvergleichsseite besucht, um den besten Preis für deine neue Waschmaschine, deinen neuen Wanderrucksack oder das Hotel für deinen nächsten Urlaub zu finden? Und bist du dann dem Link zum günstigsten Angebot gefolgt? Das sind häufig Affiliate-Links. Ich spreche von Vergleichsportalen wie Idealo oder Check24. Auch sehr beliebt sind Test- und Themenportale wie die Technikwebseite CHIP. Ob Staubsaugerroboter, Spiegelreflexkameras oder Smartwatches im Test, in den Berichten werden Links zu den Produkten inkludiert und leiten dich als Leser direkt zu Amazon, Saturn oder Mediamarkt weiter. Und CHIP verdient daran eine Provision. Klassisches Affiliate Marketing. Affiliate Marketing ist auch über Blogs zu den verschiedensten Themen möglich. Dazu stelle ich dir später zwei spannende Beispiele ausführlich vor.

Aber kommen wir nochmal zur Theorie zurück. Streng genommen bedeutet das Wort Affiliate zunächst nur Partner. Bei der Frage „Was ist ein Affiliate?" können also zwei Parteien des Affiliate Marketings die richtige Antwort sein. Daher kommt es auf den Kontext an, ob bewerbende oder verkaufende Vertriebspartner gemeint sind. Im alltäglichen Gebrauch ist jedoch häufiger von einem Affiliate die Rede, wenn es um denjenigen geht, der ein fremdes Produkt bewirbt und bei einem erfolgreichen Abschluss provisionsabhängig Geld verdient. Manche nennen einen Affiliate auch Publisher. Startest du dein eigenes Affiliate Business, bist du demnach der Publisher. Ich bin hier deshalb so genau, damit du bei den ganzen Fachbegriffen nicht den Überblick verlierst und den Aufbau des Geschäftsmodell verstehst.

Dem Affiliate gegenüber stehen Vertriebspartner, die das eigene Produkt verkaufen möchten. Das können Hersteller, aber auch Händler sein. Im Affiliate Marketing werden diese Partner auch Advertiser genannt. Viele Marken treten als solche Advertiser auf, indem sie Affiliate Programme anbieten und Provisionen auszahlen, wenn du ihre Produkte bewirbst. Ich könnte hier unzählige nennen wie Saturn, Zalando oder booking.com. Diese großen Unternehmen bieten alle eigene Affiliate Programme an. Nimm mal dein Smartphone zur Hand und schau nach, ob deine Lieblingsmarke nicht auch ein Affiliate Programm anbietet.

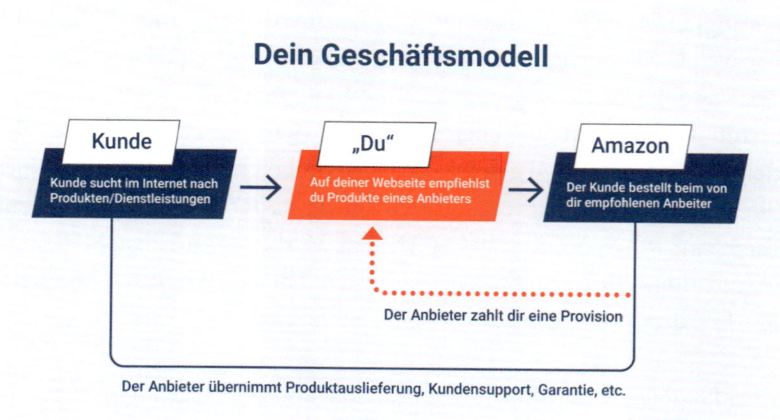

Aber zurück zum Affiliate Geschäftsmodell: Um wirklich genau zu sein, kann es neben den beiden genannten Rollen – Publisher und Advertiser – auch noch einen dritten Partner geben: das Affiliate-Netzwerk. Bei Affiliate-Netzwerken handelt es sich um Plattformen, auf denen sich Affiliates und Advertiser anmelden und zueinander finden können. Affiliate-Netzwerke fungieren also als Vermittler zwischen den beiden Parteien und wickeln alle Zahlungsangelegenheiten ab. Ein Beispiel, von dem du bestimmt schon gehört hast, ist das Amazon Partnernet.

Wenn du wissen möchtest, welche Advertiser und Partnerprogramme ich dir wirklich empfehlen kann, dann schau gerne mal in meinem Webinar vorbei, in dem ich alles wichtige zum Affiliate Marketing für dich aufbereitet habe:

▶ www.gruender.de/affiliate

So baust du dir ein Affiliate Business auf

Puh, ganz schön kompliziert? Eigentlich gar nicht, wenn du die grundlegenden Strukturen verstanden hast. Deshalb kommen wir nun zum spannenden Teil, nämlich wie du mit deinem eigenen Affiliate Business starten kannst.

Um das Ganze verständlicher zu machen, schauen wir uns ein Beispiel für Affiliate Marketing an. Dabei sind zunächst sechs Schritte relevant, die ich dir auch auf folgender Infografik dargestellt habe.

Angenommen du bist passionierter Gärtner und teilst dein Wissen darüber auf einem Blog. Wenn du einen Artikel über das Zurückschneiden von Rosen schreibst, könntest du in diesem Rahmen auch passende Produkte in deinem Text empfehlen. Diese Empfehlung lautet dann: „Die Rosenschere von XY benutze ich seit Jahren am liebsten."

Anschließend setzt du bei der Bezeichnung „Rosenschere von XY" einen Link zu der Produktseite des Advertisers ein, für die du in diesem Fall werben möchtest. Sobald deine Blogbesucher deinen Beitrag lesen und ihr Interesse für die Rosenschere geweckt ist, klicken sie auf deinen Link, um sich das Produkt näher anzuschauen.

Mit dem Klick auf den Affiliate-Link werden deine Leser zu Usern auf der Webseite deiner Vertriebspartner und du hast erfolgreich Besucher auf die Seite des Advertisers geleitet (Traffic generiert). Doch in den meisten Fällen erhältst du dafür noch keine Vergütung.

Damit du damit Geld verdienen kannst, müssen die User in der Regel etwas erwerben. Also erst wenn die Kunden die Rosenschere über deine Verlinkung kaufen, bekommst du dafür eine Provision.

Der nächste wichtige Schritt ist die Bezahlung der Kunden. Denn der Advertiser muss nachvollziehen können, welcher Affiliate den Kunden zum Kauf bewogen hat. Über eine ID in der Weiterleitung kann der Kauf nachvollzogen werden – das heißt, der Advertiser kann ganz einfach erkennen, dass die Rosenschere durch dich verkauft wurde.

Damit erhältst du dann deine Provision. Wenn die Bewerbung über ein unabhängiges Partnerprogramm ablief, wie bspw. Amazon PartnerNet, regelst du die Zahlungsangelegenheiten direkt mit dem Advertiser. Anders verhält sich dies, wenn ein Affiliate-Netzwerk zwischen dir und den Advertisern steht.

Weil das alles jetzt sehr theoretisch klingt, möchte ich dir an dieser Stelle ein Beispiel nennen und dir von Christoph Hein erzählen. Christoph ist vor ca. zwölf Jahren mit Affiliate Marketing das erste Mal in Berührung gekommen. Damals waren Gutschein-Blogs im Trend. Christoph wurde durch einen Zufall auf das spannende Thema aufmerksam und wollte unbedingt auf der Welle des Erfolgs mitreiten. Also setzte er sich intensiv damit auseinander, wie genau man eine Webseite aufbaut und einen Blog betreibt. Gesagt, getan. Als der Blog stand, fehlten ihm nur noch die Webseitenbesucher, denen er die Gutscheine seiner Advertiser empfehlen konnte. Ganz automatisch stieß er dann auf die Möglichkeiten der Suchmaschinenoptimierung (SEO) und erkannte darin den Schlüssel zu mehr Traffic auf seinem Blog. (Wenn du mehr zum Thema SEO nachlesen möchtest: Blätter mal zu Teil drei dieses Buches vor.)

Und es funktionierte. Mit der Zeit konnte Christoph immer mehr Besucher verzeichnen, die ihm zu einem lukratives Nebeneinkommen verhalfen, das sogar sein damaliges Ausbildungsgehalt übertraf. Da merkte er: Affiliate Marketing hat ein riesiges Potenzial, das noch lange nicht ausgeschöpft ist und so viele Möglichkeiten offen hielt.

Mit den Jahren arbeitete er für verschiedene Arbeitgeber im Affiliate Business, beschäftigte sich unter anderem mit Linkbuilding und merkte bald, dass er, anstatt fremde, auch eigene Projekte vorantreiben möchte. Also verbrachte er fast jede freie Minute damit, sein eigenes Affiliate Business aufzubauen und wachsen zu lassen.

Bildquelle: www.gintlemen.com

Sein erstes erfolgreiches Projekt war Gintlemen.com – eine Webseite, auf der Christoph zahlreiche Reviews und Informationen rund um das Thema Gin, Tonic, Cocktails und Barzubehör veröffentlichte. Obwohl sich ein derart spezielles Thema vielleicht nach einer sehr kleinen Nische anhört, konnte Christoph viele Besucher verzeichnen. In den Hochphasen registrierte er 6.000 Webseitenbesucher am Tag, von denen die meisten über die organischen Suchergebnisse bei Google kamen. Monatlich bekam Christoph über 100 Anfragen von Herstellern, Produzenten und Destillerien, die ihn darum baten, ihre Produkte bei ihm vorzustellen und zu verkosten. Ein voller Erfolg für den Affiliate!

Doch irgendwann entschied er sich dann, das Projekt zu verkaufen. Es lief zwar gut, aber die Monetarisierung war nicht so einfach wie gedacht, da der Verkauf von Alkohol einigen rechtlichen Regelungen unterliegt. So verlor Christoph langsam das Interesse und wollte wieder etwas Neues aufbauen.

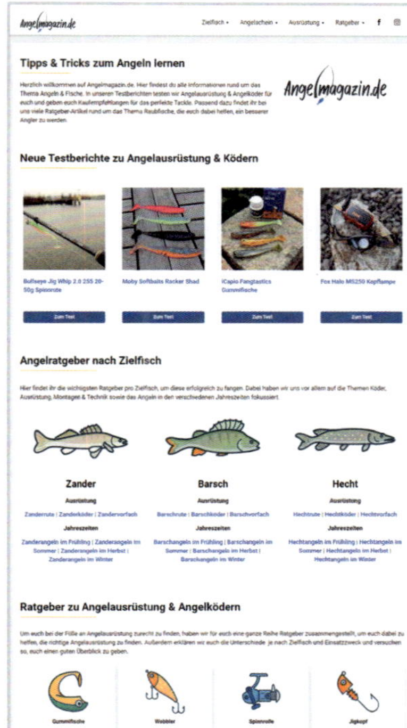

Bildquelle: www.angelmagazin.de

Es dauerte nicht lange und er hatte ein neues Projekt gefunden: Angelmagazin.de. Die Idee zu diesem Projekt entstand nicht nur durch die eigene Leidenschaft zum Angeln, sondern vor allem durch die Idee einer interaktiven Karte. Auf dieser können die Menschen mit Beeinträchtigung Angelplätze finden, die mit dem Rollstuhl ohne Probleme zugänglich sind. Denn dazu gab es kaum Informationen. Und damit traf Christoph den Nerv der Zielgruppe und erarbeitete sich darüber hinaus ein Alleinstellungsmerkmal. Er realisierte schnell, dass das Thema super dankbar aufgenommen wurde, viele Inklusions-Medien, darunter auch der Deutsche Olympische Sportbund, berichteten darüber und ermöglichten ihm noch mehr Sichtbarkeit und Reichweite (Wer sich das mal genauer ansehen mag:

► **www.angelmagazin.de/barrierefreie-angelplaetze/**

Seitdem versucht Christoph bei jedem neuen Projekt zu überlegen, in welchem Bereich er einen Mehrwert liefern kann, der so noch nicht dagewesen ist. Deshalb konnte er auch schon lukrative Gewinne erzielen. Für 2021 liegt der Provisionsumsatz im mittleren 5-stelligen Bereich. Für 2022 peilt Christoph einen 6-stelligen Umsatz an.

Christophs Geschichte ist zum einen so interessant, weil sie zeigt, dass es nicht immer DAS Projekt sein muss, sondern auch viele nebenbei entstehen können. Seine Motivation lag im Aufbau eines eigenen Affiliate Business und deswegen hat er sich darüber informiert, welcher Markt für ihn spannend und lukrativ sein könnte. Ich werde dir auch noch ein anderes Beispiel vorstellen, bei dem sich ein Business einfach aus dem Alltag heraus entwickelt hat. **Zum anderen möchte ich dir mit Christophs Geschichte zeigen, dass es vermutlich kein Thema gibt, das sich nicht für ein Affiliate Business eignet.** Es gehört nur der Mut dazu, sich für Themen zu entscheiden und damit auch wirklich in die Umsetzung zu kommen.

Um als Einsteiger ein Affiliate Business zu starten, gibt es ein paar Voraussetzungen, die du mitbringen solltest, um auch wirklich Gewinne zu erzielen. Fangen wir vorne an.

Nutze die richtige Plattform

Zunächst brauchst du eine Plattform, auf der du deinen werbenden Content und Affiliate-Links platzierst. Am besten eignet sich dafür eine eigene Webseite bzw. ein Blog. Wenn du in den sozialen Netzwerken unterwegs bist, eignet sich das ebenfalls. Auch hier ist es möglich, ein Affiliate Business über YouTube, Facebook oder Instagram zu betreiben. Doch Vorsicht: Beachte, dass du dabei immer den Bestimmungen des Social Media-Kanals unterliegst.

Manchmal kann aber auch die Idee eines Affiliate Business über Social Media starten. Genau so wie es den Gründern von Dad's Life passierte.

Kurt Vierthaler und seine beiden Mitbegründer waren schon vor ihrem

Business Freunde und diese Freundschaft verstärkte sich, als sie alle Väter wurden. Sie hatten schon lange den Wunsch, ein gemeinsames Projekt zu starten und da lag es nahe, etwas zum Thema zu machen, in dem sich alle drei gleich gut auskannten: Papa sein. Also gründeten sie eine Facebookseite, um sich dort mit gleichgesinnten Vätern auszutauschen. Über die alltäglichen Probleme, Sorgen, aber auch Freuden des Vaterseins. Und das alles mit Witz und Charme.

Nach nicht allzu langer Zeit merkten sie, wie ihre Community stetig wuchs und ihnen gleichzeitig auch viele Ideen zurückgab. Und diese Ideen wollten die drei Gründer in die Tat umsetzen. Obwohl es mit lustigen Dad-Sprüchen auf T-Shirts anfing, die sie dann in einem Online Shop verkauften, blieb es nicht nur dabei. Es fanden sich viele aus der Community, die aktiv mithelfen und gestalten wollten.

Bildquelle: www.dadslife.at

Neben dem Shop bauten die Gründer eine Webseite auf, verfassten selbst viele Beiträge zum Thema Familie und Kinder, ermöglichten auch anderen Vätern, Beiträge zu schreiben und integrierten Produkttests, sodass sie eines der führenden Väterforen erschufen. Egal, ob Spielzeug, Kindersitze, Bücher oder Urlaubstipps – es gibt keine Produktkategorie, die die drei Väter nicht auf ihrer Webseite präsentieren und auch weiterverlinken.

Mittlerweile ist das Startup um die Familienväter so erfolgreich, dass sie Millionen-Umsätze verzeichnen und noch weiter wachsen wollen. Obwohl sie ganz einfach ihren Umsatz mittels Werbeanzeigen steigern könnten, verzichten sie bewusst zugunsten der User-Experience (Nutzererlebnis der Webseitenbesucher) und Lesbarkeit darauf. Ihre Zielgruppe – über zehn Millionen Väter – sollen sich auf die Produkte konzentrieren und das kommunizieren sie auch transparent auf ihrer Webseite.

Besonders stark sind die Gründer von Dad's Life im Community Management in den sozialen Netzwerken. Vertreten sind sie auf Facebook, Instagram, Pinterest, TikTok und Twitch. Auch einen eigenen Podcast produzieren die Väter. Warum sie sich so breit aufstellen? Weil sie genau wissen, wo sich ihre Zielgruppe befindet – und diese gilt es dann, auf die Webseite zu lotsen.

Praxis-Tipp: Fokussiere dich zwar auf deine eigene Webseite, aber streue Affiliate-Links nicht ausschließlich dort. Binde auch deine Social Media-Kanäle ein, insbesondere dann, wenn du mehr Reichweite bei YouTube oder Instagram als Besucher auf der eigenen Webseite besitzt.

Generiere Reichweite

Vermutlich wirst du gerade aber nicht so viele Follower wie die Gründer von Dad's Life vorweisen können. Das ist auch nicht schlimm. Jeder hat mal klein angefangen. Und irgendwo muss man ja auch anfangen. Wichtig ist nur, dass du jetzt beginnst, diese Reichweite aufzubauen. Denn je mehr Menschen du mit deinem Content erreichst, desto mehr potenzielle Kunden generierst du für die Advertiser. Und entsprechend mehr Geld verdienst du dann auch. Logisch.

Für Tipps schau dir gerne mal Kapitel 8 genauer an, da stelle ich dir verschiedene Online Marketingstrategien vor, die du nutzen kannst, um deine Reichweite zu vergrößern.

Baue Vertrauen auf

Wann kaufen Menschen etwas? Wann sind sie bereit, für Produkte Geld auszugeben, wenn sie diese noch nicht kennen? Das ist eine wichtige Frage für ein funktionierendes Affiliate Business. Frage dich gerne selbst: Wann kaufe ich ein Produkt oder eine Dienstleistung?

Ich helfe dir da gerne auf die Sprünge: Menschen kaufen nur etwas über deinen Affiliate-Link, wenn sie von deinen Inhalten überzeugt sind und deinen Aussagen vertrauen. Folglich ist es für deinen Erfolg maßgeblich, dass deine Leser und Follower dir auch wirklich vertrauen können. Achte also darauf, eine gewisse Expertise nach außen glaubwürdig zu präsentieren. Am besten du stellst dein Wissen so perfekt vor, dass deine Produktempfehlungen eher nebensächlich erscheinen.

Ein gutes Beispiel ist der Hochzeitsblog „Liebe zur Hochzeit" von Sandra und Jan Metzmacher. Das Paar aus dem Ruhrgebiet steckte damals sehr viel Zeit und Aufwand in die Planung der eigenen Hochzeit. Alles, von Verlobungs-Events über die Brautkleidsuche, die Auswahl der Location und Dekoration bis hin zur Trauung haben die beiden recherchiert und festgehalten. Sie verbrachten sehr viel Zeit mit allen möglichen Themen rund um die – für viele absolut wichtigste – Feier, dass sie dann auf die Idee kamen, diese Informationen mit anderen zu teilen. Die Idee zu ihrem Hochzeitsblog war geboren. All die Infos, die sie während der Planung ihrer eigenen Hochzeit gesammelt hatten, trugen sie auf ihrem Blog zusammen. Hier stand – und steht heute noch – der Content selbst im Vordergrund. Klar, Sandra und Jan flechten auch Affiliate Links in ihre Beiträge ein und monetarisieren so ihr gesammeltes Wissen. Aber dadurch, dass sie hier ihre eigenen Erfahrungen und Empfehlungen teilen, werden ihre Beiträge glaubwürdig und ihre Leser bauen Vertrauen auf (Schau dir den Blog gerne mal an:
▶ https://www.liebe-zur-hochzeit.de/

Was so klug an diesem Affiliate Business von Sandra und Jan ist? Es ist ein Evergreen-Thema (zeitlose Relevanz), das mit sehr viel Emotionen, gesellschaftlichen Werten und Leidenschaft verbunden ist. Wünscht sich nicht jeder die perfekte Hochzeit? Auch ich selbst habe durch meine eigene Hochzeit gemerkt, wie emotionsgeladen dieses Thema ist und wie viel Geld sich damit verdienen lässt. Total klug also, sich in einer Nische zu platzieren, in der die Anteilnahme sehr hoch ist.

Doch ich beobachte immer wieder die selben Fehler, die Einsteiger machen, wenn sie sich ein Affiliate Business aufbauen wollen. Dabei sind es so simple und logische Dinge, die einfach nicht berücksichtigt werden. Es ist zum Verzweifeln!

Damit du nicht auch verzweifelst, möchte ich dir die häufigsten Fehler kurz auflisten. Einfach nur, damit du sie direkt umgehen kannst.

1. Fehler: Nur Produkte statt Content

Wer auf ein Affiliate Business setzt, möchte natürlich auch Provisionen generieren und davon möglichst viele innerhalb kürzester Zeit. Ganz klar. Doch bei der Umsetzung passiert vielen oftmals der Fehler, dass sie ihre Webseite mit Bannerwerbung überladen und dabei die Inhalte vergessen. **Nicht umsonst gibt es den Spruch „Content is King" – orientiere dich daran!** Nicht nur Dad's Life verfolgt diese Strategie, auch Christoph Hein mit seinem Angel-Blog. Christoph ist der Überzeugung, dass durch den Verzicht von störender Werbung nicht nur das Vertrauen gestärkt werden kann, sondern in besonderem Maße auch eine Abgrenzung zu vielen Amateur-Webseiten erfolgt.

2. Fehler: Kein Expertenstatus für das Produkt

Affiliate Marketing kommt aus dem Bereich des klassischen Empfehlungsmarketings. Deshalb funktioniert Affiliate Marketing auch nur, wenn dich deine Leser als Experte für die vorgestellten Produkte einordnen. Lass mich dir ein deutliches Beispiel nennen: Wenn du einen Blog über gesunde und fettarme Ernährung betreibst, wäre Burger-Werbung von McDonalds ein Fehler. Werden jedoch verschiedene Rezeptbücher für gesunde Ernährung auf deiner Webseite präsentiert, erhöht das wiederum die Glaubwürdigkeit und auch deine Umsätze.

3. Fehler: Auffallen um jeden Preis

Wer selbst viel im Internet unterwegs ist, kann sicherlich verstehen, dass Bannerwerbung und Produkthinweise gewisse Regeln einhalten müssen. Riesige Banner, die blinkend und mit Sound den Blick auf die ausgewählte Webseite versperren, gehören zu den größten Affiliate Marketing-Fehlern! Dabei sorgen diese im schlimmsten Fall dafür, dass deine Webseitenbesucher einen Ad Blocker verwenden oder die Webseite gedanklich als Negativbeispiel abspeichern.

4. Fehler: Reiner Fokus auf die Provision

Natürlich möchtest du Geld mit deinem Affiliate Business verdienen, aber hohe Provisionen sind nicht alles. Auf der Suche nach dem idealen Affiliate-Netzwerk setzen viele auf Partner mit möglichst hohen Provisionen, um damit auch hohe Umsätze zu generieren. Beratungsintensive Themen, wie Kreditkarten, Handyverträge oder Versicherungen, können pro Vertragsabschluss bis zu 100 Euro an Provision einbringen. Allerdings muss das Affiliate-Produkt zur eigenen Webseite passen und auch zu dir und deiner Expertise. Hinterfrage daher auch den Grund dieser hohen Provisionen.

5. Fehler: Schlechte Performance durch technische Fehler

Eigentlich ist es technisch nicht besonders aufwändig, Links auf der eigenen Webseite zu platzieren. Doch es ist entscheidend, dass diese Links und deine gesamte Webseite trotzdem einwandfrei funktionieren. Dafür macht es Sinn, zunächst alle verwendeten Affiliate-Links zu testen, um das Tracking nachzuvollziehen. Im schlimmsten Fall wirken sich technische Fehler negativ auf deine Provisionen aus.

6. Fehler: Keine ausreichenden SEO-Maßnahmen

Auch wenn deine Webseite technisch einwandfrei funktioniert und wertvollen Content liefert, muss sie von deinen Usern auch über Google gefunden werden. Deshalb ist es sinnvoll, genügend Zeit und Energie in den Bereich Suchmaschinenoptimierung (SEO) zu investieren. Dazu gehört bspw. eine Keyword-Analyse, um zu erkennen, mit welchen Suchbegriffen deine Webseite bei Google zu finden sein sollte. Außerdem können dir auch Backlinks von anderen Webseiten helfen, die Glaubwürdigkeit zu erhöhen. Auch Christoph Hein macht das so bei seinem Angelmagazin. Neben dem Linkaufbau liefert er umfangreichere Inhalte und setzt mehr Details ein. Denn das wirkt sich positiv auf die Suchmaschinenoptimierung aus. Als SEO-Spezialist weiß er genau, dass Klasse statt Masse schon immer besser funktioniert hat. Deshalb findest du in seinem Online-Magazin auch nicht nur textliche Beiträge, sondern auch Fotos, Grafiken und Tabellen zu allen möglichen Themen wie Köder, Angelausrüstung und den verschiedenen Zielfischen.

Jetzt haben wir so viel über die Voraussetzungen deiner eigenen Webseite und deines Contents gesprochen, dann müssen wir nun auch über die Affiliate-Netzwerke und Partnerprogramme sprechen. Denn für ein erfolgreiches Affiliate Business brauchst du Advertiser und Produkte, die du empfehlen kannst.

Affiliate-Netzwerke

Wenn du dich über ein Affiliate-Netzwerk mit Advertisern verbinden möchtest, musst du dich dort als Publisher anmelden. Einmal angemeldet hast du

Zugriff auf zahlreiche Partnerprogramme aus unterschiedlichen Bereichen. Arbeitest du mit einem Publisher zusammen, laufen auch alle Abrechnungen über alle beworbenen Partnerprogramme über ein Konto. Das ist super einfach und wirklich unkompliziert, da du so deine Einnahmen immer auf einen Blick parat hast. Ein weiterer Vorteil von diesen Netzwerken ist die technische Komponente. Affiliate-Netzwerke kümmern sich um die technische Basis des Trackings und somit auch direkt um eine korrekte Zuordnung der Provision. Zwar schadet es nie, auch selbst die Provisionszahlungen immer im Auge zu behalten, aber für Leute, die diese Aufgabe gerne auslagern, ist solch ein Netzwerk eine prima Möglichkeit. Die Anmeldung und Teilnahme bei diesen Netzwerken ist für dich als Publisher oftmals kostenlos. Hört sich verdammt einfach an? Und sehr lukrativ? Ist es auch. Aber bedenke bitte Folgendes: Dein Verdienst kann sich schmälern, da Provisionen im Rahmen von Netzwerken etwas geringer ausfallen können. Aber es gibt ja noch eine Alternative, Inhouse-Partnerprogramme.

Inhouse-Partnerprogramme

Neben Affiliate-Netzwerken gibt es noch eine weitere Möglichkeit, ein Affiliate Business zu betreiben. Und zwar mit sogenannten Inhouse-Partnerprogrammen. Beim Inhouse-Partnerprogramm setzen Firmen, die das Partnerprogramm betreiben wollen, dieses einfach selbst um. Das heißt, sie bieten Publishern ohne Vermittlungsplattform die Möglichkeit, ihre Produkte zu empfehlen. Die Anmeldung zum Partnerprogramm und der Support finden dann auf der Webseite der Firmen statt. Somit musst du als Publisher selbst auf Partnersuche gehen.

Es gibt mittlerweile sehr viele Unternehmen, die ein Partnerprogramm anbieten. Ich habe am Anfang dieses Kapitels schon einmal Big Player wie Saturn, Amazon und Zalando angesprochen. Doch nicht immer kommunizieren Hersteller oder Händler das auch. Von daher lohnt es sich, bei Unternehmen direkt nachzufragen, wenn du gezielt ein bestimmtes Produkt bewerben möchtest.

Was ist nun besser?

Das ist schwierig zu beantworten. Hier gibt es keine pauschale Antwort, die ich dir an dieser Stelle nennen kann. Für den einen funktionieren Netzwerke deutlich besser, der andere kommt mit Inhouse-Partnerprogrammen besser klar. Es kommt also darauf an, was du willst und was dir wichtig ist.

Bei den Inhouse-Partnerprogrammen musst du dich immer separat anmelden und bekommst oftmals unterschiedliche Ansprechpartner. Du musst also immer ein Stück weit hinterher sein und eigenständiger arbeiten. Zu Beginn könnte es schwierig sein, die Mindest-Auszahlungsgrenze zu erreichen, da du für jedes Inhouse-Partnerprogramm unterschiedliche Abrechnungen bekommst. Die Auszahlungsgrenze, ab der dir deine Einnahmen überwiesen werden, variiert aber von Programm zu Programm. Die genauen Konditionen erfährst du auf den Webseiten der Advertiser. (So etwas ist sehr wichtig, also schau dir die Konditionen sehr genau an!)

Inhouse-Partnerprogramme haben allerdings auch einige Vorteile. Durch den engen Kontakt zum Advertiser bekommst du als Publisher häufig individuelle Werbemittel zur Verfügung gestellt. Grundsätzlich kannst du hier viel mehr verhandeln und viel individualisierte Kooperationen eingehen. Aber das Beste kommt zum Schluss: Die Provisionen sind häufig deutlich höher als bei Affiliate-Netzwerken.

Praxis-Tipp: Als Einsteiger eignen sich allerdings Affiliate-Netzwerke besser, um dir erst einmal ein Standbein aufzubauen. Hast du ein gutes Gefühl für die Bedürfnisse deiner Webseitenbesucher aufgebaut und mehr Traffic erlangt, sind Inhouse-Programme aber in den meisten Fällen lukrativer und du kannst mehr Geld mit Affiliate Marketing verdienen.

Ein Beispiel für ein Partnerprogramm ist das Amazon PartnerNet. Ich möchte dir dieses vorstellen, weil es eins der meistgenutzten Affiliate-Programme ist. Mit einer breit gefächerten Produktpalette von mehreren Millionen Produkten bietet das Partnerprogramm von Amazon für wohl jeden Affiliate mit einer eigenen Webseite passende Produkte. Kannst du Kunden über deine Webseite von Amazon-Produkten überzeugen, erhältst du als Affiliate auf den gesamten Warenkorb eine Provision und nicht nur auf das Produkt, das du beworben hast. Ja, du hast richtig gehört. Auch die Werbekostenerstattung zahlt Amazon zuverlässig und pünktlich. Doch Vorsicht: Je nach Produktkategorie gibt es unterschiedliche Provisionshöhen. Informiere dich daher im Vorhinein, ob sich die Provision in deiner Kategorie überhaupt lohnt.

Aber auch hier hängt der Erfolg – und damit natürlich auch dein Verdienst – vor allem von deinem Thema ab. Hast du eine gute Nische entdeckt, zu deren Themengebiet sich Amazon-Produkte vorstellen lassen, kannst du mit Amazon durchaus ein erfolgreiches Online Business aufbauen.

So verdienst du mit einem Affiliate Business Geld

Die Wahrheit ist: Wie viel Geld du mit Affiliate Marketing verdienen kannst, ist abhängig vom Besucherstrom auf deiner Seite. Ja ich weiß, keine konkreten Zahlen. Aber so sieht es leider aus. Je größer der Traffic auf deiner Webseite ist, desto interessanter ist diese Webseite für potenzielle Werbekunden und desto mehr Geld kannst du mit Affiliate Marketing verdienen.

Ich möchte dir aber keine falschen Hoffnungen machen. Millionen wirst du vermutlich nicht verdienen. Schon gar nicht am Anfang und ohne Erfahrungswerte. Ja, keine schönen Nachrichten, aber ich möchte ja ehrlich mit dir sein. **Ein Affiliate Business baut sich langsam auf und erfordert vor allem am Anfang regelmäßige Betreuung.**

Hängst du dich aber rein, pflegst deine Webseite, füllst sie mit aktuellem und neuen Content, arbeitest an deinen SEO-Skills und an deiner Reichweite, kann der Verdienst immer größer werden. Und irgendwann von einem kleinen passiven Einkommen zu einem großen Online Business heranwachsen.

Gehen wir nochmals zurück zu Christoph Hein und seinen Projekten. Wie ich bereits erwähnt hatte, arbeitete Christoph an verschiedenen Projekten. Vom Start des jeweiligen Projekts bis zum ersten nennenswerten Umsatz vergingen in der Regel ca. sechs Monate. Doch statt die ersten Umsätze komplett zu vereinnahmen, entschied sich Christoph dafür, das Geld direkt wieder in die technische Umsetzung zu investieren. Um die Seite einfach immer ein Stückchen besser und professioneller wirken zu lassen. Und genau das ist besonders am Anfang wichtig, um dein Projekt auch wirklich in Gang zu bringen.

Was einige von euch vielleicht noch nichts wissen: Nicht nur über die Affiliate-Links und verkauften Produkte erhälst du eine Provision. Es gibt auch alternative Erlösmodelle. Ich möchte dir alle einmal kurz vorstellen:

Zuerst das Modell, das du sicherlich kennst. PPS bzw. Pay per Sale (auch CPS: Cost per Sale): Bei dieser Vergütungsform erhältst du als Affiliate erst eine Provision, wenn Kunden über deinen Affiliate-Link auch tatsächlich ein Produkt gekauft haben. Damit festgestellt werden kann, über welchen Affiliate ein Verkauf kommt, werden die Links mit einem Code versehen. Beim Klicken auf Affiliate-Links werden Cookies bei den Usern gesetzt. So kann ein genaues Tracking stattfinden und auch ein zeitlich versetzter Sale lässt sich zuordnen.

Allerdings gibt es – wie im Performance Marketing grundsätzlich üblich – noch andere Fälle, bei denen eine Vergütung möglich ist:

PPL bzw. Pay per Lead (auch CPL: Cost per Lead): Bei dieser Abrechnungsmethode muss der Advertiser nur dann Provision zahlen, wenn eine vorher festgelegte Handlung erfolgreich ist. Bei dieser Handlung kann es sich bspw. um eine Registrierung für den Newsletter, die Bestellung eines Katalogs oder das Ausfüllen eines Formulars handeln. Anders als bei der PPS-Vergütung ist es dabei nicht erforderlich, dass ein Verkauf stattfindet.

PPC bzw. Pay per Click (auch CPC: Cost per Click): Beim PPC-Abrechnungsmodell erhältst du als Affiliate bereits eine Vergütung, sobald auch nur Interessenten auf deinen Affiliate-Link bzw. auf deine Werbeanzeige klicken. Diese Form der Vergütung wird oft als Tausender-Kontakt-Preis berechnet.

Je nachdem, welches Vergütungsmodell du bevorzugst, solltest du unbedingt mit deinem Advertiser vor Vertragsunterschrift klären, wie genau du entlohnt werden willst. Möglicherweise kannst du diesen Part individuell verhandeln – doch das funktioniert leider nicht bei jedem Partner.

Meine Bewertung des Geschäftsmodells „Affiliate Business"

Affiliate Business					
technisches Know-how	●	●	○	○	○
wöchentlicher Zeitaufwand	●	●	○	○	○
Rendite	●	●	●	○	○
Passives Einkommen	●	●	●	●	○
persönliche Sichtbarkeit	●	●	○	○	○
Flexibilität	●	●	●	●	○

1 = sehr niedrig, **5** = sehr hoch; Die Erklärung zu den Bewertungskriterien findest du in Kapitel 2.

Viel Flexibilität und ein geringer wöchentlicher Zeitaufwand zeichnet vor allem das Affiliate Business aus. Klar musst du am Anfang erst einmal Zeit und Mühen investieren, um deine Webseite oder deinen Social Media Account mit grundlegenden Infos zu deinem Thema zu füllen. Doch ist das dann geschafft, musst du deine Leser nur noch mit wenigen neuen Beiträgen pro Woche versorgen. Zwar mag auf den ersten Blick die Rendite nur moderat ausfallen, doch die tatsächliche Höhe liegt natürlich vor allem bei dir selbst. Wenn du hier viel investierst, kannst du auch viel rausbekommen. Wer nach einem Geschäftsmodell sucht, das perfekt nebenbei läuft, geringes technisches Know-how und wenig Aufmerksamkeit erfordert, für den ist das Affiliate Business das richtige Geschäftsmodell.

Du weißt nun, welche Fehler du vermeiden musst und welche Stellschrauben zum gewünschten Erfolg führen. Wenn du noch vor dem Aufbau des Grundgerüstes zurückschreckst, bei dem du deine Webseite erst einmal mit Inhalten füllen und SEO-optimieren musst, dann habe ich einen echten Booster-Tipp für dich, den ich dir in meinem kostenlosen Webinar „Das einfachste Geschäftsmodell im Internet" vorstelle. Als Ergänzung für dich zu diesem Kapitel erfährst du dort:

- mit welchen Partnerprogrammen du die höchsten Provisionen generierst,
- mit wie viel extra Einkommen du als Einsteiger im Affiliate Marketing wirklich rechnen kannst,
- welche Internet-Branchen die größten Wachstumschancen bieten und wo sich dein Einstieg jetzt besonders lohnt.

Über diesen Link solltest du dich jetzt kostenfrei für das Webinar anmelden:
▶ www.gruender.de/affiliate

4. Digitale Infoprodukte

Was ist, wenn ich dir sagen würde, dass die Gewinnmarge mit digitalen Infoprodukten größer ist als die mit Drogen? Wahrscheinlich denkst du jetzt zum einen: Was für ein absurdes Beispiel. Zum anderen wahrscheinlich: So ein Quatsch!

Aber nein, Quatsch ist diese Aussage nicht. Sie stimmt. Und daraus ergeben sich zwei entscheidende Vorteile für digitale Infoprodukte:

- Sie sind im Gegensatz zu Drogen vollkommen legal.
- Sie bieten ein unfassbar großartiges Geschäftsmodell.

Für digitale Infoprodukte gibt es nicht nur einen garantierten Marktbedarf, es handelt sich hier auch um einen Markt, der stetig wächst. Und genau deshalb liegen die durchschnittlichen Gewinnmargen auch bei 80 Prozent. Du kannst viele digitale Infoprodukte einmalig für unter 100 Euro erstellen und beliebig oft verkaufen!

Ich möchte dich aber nicht nur mit Prognosen und Zahlen überzeugen, sondern von meinen eigenen Erfahrungen berichten. Mit Gründer.de habe ich bereits über 30 Kurse, E-Books, Hörbücher, viele Online-Videokurse und Aufzeichnungspakete herausgebracht und drei eigene Software-Lösungen programmiert. Das Fantastische: Wir haben mit nur einem einzigen digitalen Infoprodukt in den letzten Jahren über zwei Millionen Euro verdient. Klar, so viel verdient man nicht mit jedem Produkt und es steckte sehr viel Arbeit und ein talentiertes über 40-köpfiges Team dahinter. Aber ich möchte dir damit verdeutlichen, dass unglaublich viel Potenzial in diesem Geschäftsmodell steckt. Und ich möchte dir auch nicht vormachen, dass das Business rund um digitale Infoprodukte total einfach, schnell und ohne große Mühen aufgebaut wird. Ich spreche von dem sogenannten „schnellen Reichtum", das so viele Unternehmensberater und Business-Coachs predigen und ihren Kunden versprechen. Also ich weiß nicht, wie es dir geht, aber ich kann es nicht mehr hören. Weil es einfach nicht stimmt.

Ich möchte dir mit diesem Kapitel daher wirklich Fakten geben, Infos mit Substanz und eine Anleitung, wie du ein Online Business mit digitalen Infoprodukten aufbaust und damit Geld verdienen kannst. Zwar nicht mit sofortigem Umsatz in Millionenhöhe, aber trotzdem genug Geld, um damit ein lukratives Gehalt zu bekommen. Und das ganze untermauere ich für dich direkt mit praktischen Beispielen.

Kurze Info am Rande: Wenn du genau wissen willst, wie mein Team und ich es geschafft haben, mit unserem „Komplettpaket" eine Gewinnmarge von 99,2 Prozent zu erreichen, dann schau dir gerne das kostenlose Online-Seminar an, dass wir für dich erstellt haben. Dort bekommst du auch konkrete Zahlen zu den Produktionskosten und dem Umsatz.

Was sind digitale Infoprodukte?

Fangen wir ganz vorne an. Digitale Produkte sind Medien oder Dienstleistungen, die online verkauft und verbreitet werden können. Zu diesen digitalen Produkten gehören zum Beispiel Downloads oder Streaming-Dateien, wie MP3s, PDFs, Videos, Plugins und Vorlagen. Aber auch Kurse zu bestimmten Themen, Musik und Dienstleistungen können ein digitales Produkt sein, dass du ausschließlich oder überwiegend online anbietest. Eine Unterkategorie dieser Produkte sind dabei digitale Infoprodukte.

Mit einem digitalen Infoprodukt stellst du deinen Kunden bestimmte Informationen über einen selbst gewählten Themenbereich rein digital dar. Somit benötigen deine Kunden je nach Produkt nur einen Laptop, ein Handy oder einen E-Book-Reader, um deine Angebote abrufen zu können. Zu den digitalen Infoprodukten gehören vor allem Online-Videokurse und E-Books, aber auch Hörbücher, Leitfäden, Checklisten und vieles mehr. Insgesamt kann JEDER heutzutage digitale Infoprodukte erstellen. Das jeder habe ich bewusst groß geschrieben, weil ich es am liebsten jedem laut zurufen möchte. Denn alles, was du brauchst, ist dein selbst angeeignetes Wissen und zum Beispiel eine Software oder Kamera (für Präsentationsaufzeichnungen), über die du dein Wissen an jeden zugänglich machen kannst. Mehr nicht. Du siehst also, die Grundvoraussetzungen sind nicht erschreckend viel.

Wahrscheinlich hast du schon selbst einige digitale Infoprodukte erworben und konsumiert, ohne dass dir bewusst war, welches Geschäftsmodell dahinter steckt. Der letzte Podcast, den du zum Thema Finanzen gehört hast, hat sein eigenes Buch empfohlen? Du hast einen Videokurs zu deinem liebsten Hobby besucht, bspw. wie du deinen eigenen Wein herstellst oder eine 30-Tage- Fitness-Challenge? Du hast mein Online Business Praxishandbuch auch als Hörbuch und E-Book erworben, damit du deine eigene Selbstständigkeit auch unterwegs vorantreiben und dein Business skalieren kannst? Ja, richtig – das sind alles digitale Infoprodukte.

So baust du dir ein Online Business mit digitalen Infoprodukten auf

Das Wichtigste zuerst: Du brauchst kein hohes Startkapital oder teure Investitionen. Natürlich benötigst du für die Erstellung deines Produkts ein paar Tools. Wenn du einen Online-Kurs aufnehmen möchtest, bietet sich bspw. die kostenlose Software OBS Studio an, um damit dich und Präsentationen abzufilmen. Möchtest du ein E-Book schreiben, würde ich es persönlich mit Microsoft Word schreiben und dann in ein PDF umwandeln, dass du bei Bedarf mithilfe von Adobe Acrobat öffnen und bearbeiten kannst.

Aber bevor wir schon direkt in die Erstellung von digitalen Infoprodukten gehen, gibt es einen 4-Schritte-Plan, den du durchlaufen solltest. Lass uns den einmal gemeinsam durchgehen.

Schritt 1: Finde deine Geschäftsidee

Logisch, als erstes brauchst du eine Geschäftsidee, also ein Thema, zu dem du digitale Infoprodukte verkaufen kannst. Am besten ein Thema, in dem du dich wirklich auskennst, deinen Kunden einen Mehrwert bieten kannst und dich in gewisser Art als Experte positionierst.

Das können wirklich die unterschiedlichsten Themen sein. Denn oftmals sind wir Experten in gewissen Bereichen, die uns aber zu absurd vorkommen, um damit ein Online Business zu starten. Deshalb möchte ich dir kurz die Geschichte von Hannah Hauser vorstellen. Denn auch Hannah wurde Expertin für ein bestimmtes Thema, das erst einmal viel zu speziell klingen mag.

Hannah Hauser ist Anfang 30, lebt in Bremen, studierte Ernährungswissenschaften, ist nach ihrem Studium dann in die Industrie gegangen und hat einen Vollzeitjob angefangen. Doch sie litt bereits seit Jahren an ständiger Müdigkeit, Haarausfall und Übergewicht. Nach einem Besuch beim Arzt wurde durch Zufall eine Schilddrüsenunterfunktion festgestellt. Mit der festen Überzeugung, dass sich durch Tabletten ihr Zustand verbessern würde, nahm sie diese eine zeitlang ein – die Blutwerte verbesserten sich, doch die Symptome blieben. Zwei Jahre danach diagnostizierte man bei Hannah neben der Unterfunktion auch eine Autoimmunerkrankung der Schilddrüse. In dem festen Willen diese Situation zu verbessern, nahmen ihr die Ärzte jedoch jegliche Aussichten auf Heilung. Doch bis an ihr Lebensende von Tabletten abhängig zu sein, das konnte und wollte sich Hannah absolut nicht vorstellen.

Also fing sie an, ganz viel zu recherchieren, Studien zu lesen und die Zusammenhänge zwischen Ernährung und der Schilddrüse zu begreifen. Daraus leitete sie Maßnahmen für Alltagsgewohnheiten ab und stellte ihre Routine um. Und tatsächlich: Durch einen gesteigerten Stoffwechsel erholte sich ihre Schilddrüse, sie nahm 20 kg ab, der Haarausfall stoppte und ihre Energie kam zurück. Und mit dieser Energie auch die Chance, als Expertin in diesem Bereich ein Online Business aufzubauen.

Doch die Idee für ein Online Business war nicht automatisch da. Obwohl Hannah schon länger über eine nebenberufliche Selbstständigkeit nachdachte, selbst viele Online Kurse und Webinare besuchte, war das Thema Schilddrüsenunterfunktion einfach zu weit weg, um daraus ein Expertenthema zu machen. Erst nach eingehender Marktforschung in anderen Bereichen wie Persönlichkeitsentwicklung und Glücksforschung erkannte sie, dass es bereits viele Experten gab und die Konkurrenz extrem hoch war. Das Thema, in dem sie sich einfach sehr gut auskannte, war nunmal Schilddrüsenunterfunktion.

Eine zu kleine Nische? Nach einer ausführlichen Marktanalyse erkannte Hannah schnell, dass sehr viele von Schilddrüsenproblemen betroffen sind und es am deutschen Markt zumindest noch keinen wirklichen Experten zu genau diesem Thema gab. Durch die Beobachtung des amerikanischen Marktes wurde ihr aber bewusst, dass es funktionieren kann. Hannah beobachtete nicht nur den Markt, sondern auch die einzelnen Experten und die Reaktionen ihrer Follower. So wusste sie ganz genau, welche Themen die Menschen interessierten, welche Probleme sie hatten und nach welchen Lösungen sie suchten.

Im Juli 2019 startete Hannah dann ganz bewusst mit einem aktiven Social Media-Account und richtete sich bereits im Oktober eine Webseite ein. Ihren Content legte sie speziell auf Frauen mit Schilddrüsenunterfunktion aus. Ihr Plan: Mit gezieltem Stressmanagement und Ernährungsumstellung die Hormone wieder auf Balance zu bringen. Sehr „nischig", aber sie wusste ja, dass es genau diese Zielgruppe gibt.

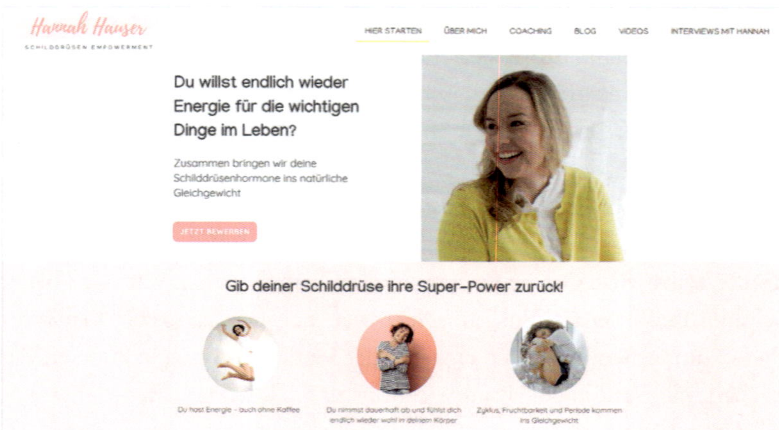

Bildquelle: www.hannahhauser.de

Obwohl Hannah von allen Seiten belächelt wurde, hielt sie an ihrer Idee fest. Sie setzte es sich zum Ziel, spätestens Ende Dezember 2019 ihren ersten Online Kurs zu launchen und in diesem ein persönliches Coaching anzubieten. Sie postete täglich Beiträge und Stories auf Instagram, erzählte von sich selbst und ihren eigenen Problemen und gab hilfreiche Tipps, um erst einmal Vertrauen zu schaffen und den betroffenen Frauen einen Mehrwert zu bieten. Doch dass Instagram alleine nicht reicht, wusste Hannah ganz genau. Also erstellte sie Lead-Magneten, um ihre Follower auf ihre Webseite zu leiten, investierte in Werbeanzeigen auf Social Media und war aktiv in Facebook-Gruppen unterwegs. Dadurch konnte sie unfassbar schnell an Reichweite gewinnen und hatte innerhalb von zwei Monaten über 1.000 Nutzer in ihrer Facebook Gruppe.

Das alles passierte nebenberuflich. Tagsüber arbeitete sie in ihrem Vollzeitjob, abends, am Wochenende und in ihrem Urlaub drehte sie Stories, erstellte Beiträge und produzierte ihren Content vor. Das verlangte Hannah sehr viel Disziplin und Strukturiertheit ab. Doch diese Strukturiertheit verinnerlichte sie so sehr, dass es sich auch auf ihren Vollzeitjob positiv auswirkte und sogar eine Beförderung nach sich zog.

Bildquelle: www.instagram.com/hannah_hauser

Ende Dezember näherte sich stetig und damit auch der Launch ihres ersten Online-Kurses. In 50 Minuten gab sie ihren Teilnehmern wertvolle Informationen an die Hand und inkludierte in den letzten Minuten des Kurses ihr Produkt: das persönliche Coaching. Durch den sensationellen Trick der Verknappung gab sie ihren Teilnehmern eine Woche Zeit, diesen Kurs zu kaufen. Und es funktionierte. Sie verkaufte 40 Kurse für jeweils ca. 500 Euro und generierte damit 20.000 Euro Umsatz. Und das nach nur sechs Monaten Vorbereitung.

Mittlerweile bezeichnet sich Hannah als Schilddrüsen Empowerment Coach, arbeitet nun komplett selbstständig, hat hunderte zufriedene Kunden, eine Followeranzahl im unteren fünfstelligen Bereich allein auf Instagram und ist auch in den Medien als Expertin für Schilddrüsenprobleme sichtbar. (Wer sich Hannah Hauser und ihre Positionierung mal genauer anschauen will: www.hannahhauser.de)

Das Faszinierende an Hannahs Beispiel ist, dass sie wirklich aus ihrem Alltag heraus ein funktionierendes und erfolgreiches Online Business aufgebaut hat. Und es zeigt auch, dass die Geschäftsideen manchmal offensichtlicher vor uns liegen, als wir uns das vorstellen können. **Bist du Experte für ein Nischenthema, dann lass dich nicht davon ausbremsen! Wenn eine Nachfrage nach deinem Thema besteht, kannst du daraus ein Business aufbauen.**

Praxis-Tipp: Wenn du noch keine Geschäftsidee hast, möchte ich dir in diesem Fall die praktische Smiley-Methode vorstellen, ein simpler Recherche-Prozess, der dir dabei helfen kann, auf die passende Geschäftsidee zu kommen.

Dafür brauchst du ein blankes Blatt Papier. Auf dieses Blatt malst du einen Smiley in die Mitte. Dieser Smiley soll dich darstellen. Nun malst du drei Pfeile, die von diesem Smiley wegführen. Der erste Pfeil heißt „Schwierigkeiten, die ich überwunden habe“, der zweite „Meine Hobbys“ und der dritte „Meine Interessen“.

1. Schwierigkeiten, die ich überwunden habe

Jeder von uns stand einmal an dem Punkt, an dem er irgendein Problem hatte, das zu diesem Zeitpunkt unlösbar erschien. Dieses Problem war so stark, dass wir uns ständig damit beschäftigt haben und nicht mehr loslassen konnten. Notiere dir deshalb alle Probleme, die du in deinem Leben hattest und die du überwinden konntest. Das kann bspw. die unglaubliche Angst davor sein, vor einem Publikum zu sprechen. Vielleicht hattest du aber auch ernsthafte finanzielle Schwierigkeiten und konntest auch dieses Problem lösen. Im Fall von Hannah Hauser war es ihr Problem der Schilddrüsenerkrankung, das sie überwinden konnte.

2. Deine Hobbys

Hier schreibst du nun all deine Hobbys auf. Also Tätigkeiten, die du ausschließlich in deiner Freizeit ausübst. Das können bspw. Arbeiten im Garten, ein Musikinstrument oder eine bestimmte Sportarten sein. Falls du keine spezifischen Hobbys hast, schau dich in deinem Freundes- und Bekanntenkreis um. Dabei versuchst du, Hobbys der Menschen in deiner Umgebung zu analysieren. Denn es könnte durchaus sein, dass deine Freunde oder Bekannte interessante Hobbys besitzen, zu welchem du ein profitables Infoprodukt erstellen kannst.

3. Deine Interessen

An dieser Stelle machst du dir nun Stichpunkte zu all den Dingen, für die du dich anderweitig interessierst, die du aber nicht als Hobby betreibst. Dazu könnten die folgenden Themen zählen: Karaoke, Esoterik, Computer, Multimedia, Astronomie, Fremdsprachen, Börse, usw. Ich habe im Internet schon die spannendsten digitalen Infoprodukte gesehen: Online-Kurse zum Thema „Wein selber machen", Online-Kurse zum Thema „Trading", E-Books zum Thema „Liebe und Flirten", selbst Kurse zum Thema „Backen" werden angeboten... und verkaufen sich.

Schritt 2: Prüfe das Marktpotenzial

Im besten Fall besitzt du nun zahlreiche Geschäftsideen, deren Potenzial du aber unbedingt überprüfen musst. Denn wenn du einfach startest und ein Thema besetzt, ohne zuvor den Markt zu überprüfen, wirst du sehr wahrscheinlich scheitern. Nichts ist ärgerlicher als viel Zeit und Arbeit in den Aufbau eines Projekts zu investieren und später feststellen zu müssen, dass es nicht funktioniert. Ein häufiger Grund für das Scheitern – vor allem bei Einsteigern – ist der, dass es keine Nachfrage für das jeweilige Thema bzw. das Produkt auf diesem Gebiet im Internet gibt. Aber genau das ist absolut entscheidend dafür, dass du mit deinem eigenen Online Business überhaupt erfolgreich sein kannst.

Und deshalb kommt an dieser Stelle ein wertvoller Trick. Um das Potenzial deiner Geschäftsidee für ein digitales Infoprodukt analysieren zu können, gibt es den Google Keyword Planer. Google ist die wichtigste Suchmaschine weltweit und besitzt derzeit annähernd 90 Prozent Marktanteil allein im mobilen Suchmaschinen-Markt. Deshalb ist der Google Keyword Planer die erste Anlaufstelle, wenn es darum geht, deine Ideen zu überprüfen. Genau so gehe ich auch vor und nutze die Möglichkeiten, die Google mir bietet.

1. Keyword-Recherche

Prüfe als erstes, ob für deine Idee überhaupt ein Markt existiert. Das ist meistens dann der Fall, wenn möglichst viele Leute im Internet nach dem Produkt suchen, das du verkaufen möchtest. Doch die Personen suchen höchstwahrscheinlich nicht direkt nach dem Produkt, sondern nach Informationen zu bestimmten Themen, die gerade interessant sind. Und genau das sollte dich interessieren. Denn je mehr Menschen sich für ein bestimmtes Thema interessieren, desto größer ist der Markt.

Nehmen wir einmal an, du bist Katzenliebhaber, kennst dich mit der Katzenhaltung aus und hast das als eines deiner potenziellen Interessensfelder notiert. Dann solltest du dir zunächst ein Google Ads Konto anlegen, um die wichtigsten Suchbegriffe testen zu können. Nun rufst du den Google Keyword Planer im Menü „Tools“ auf, gibst das Wort „Katze“ in das Suchfeld ein und klickst auf „Suchen“. Der Keyword Planer zeigt dir daraufhin an, wie viele Suchanfragen es zu welchem Keyword gibt. Dabei bietet dir der Planer viele weitere Vorschläge zum Thema „Katze“ an, sodass du weitere Begriffe erhältst, die nützlich sind. Du kannst mit diesem Tool also allgemeine Schlagworte, das jeweilige Suchvolumen und die aktuellen Trends ermitteln.

2. Keyword-Analyse

Versuche nun so viele Suchbegriffe wie möglich herauszuschreiben, die sehr hohe Suchanfragen aufweisen, bei denen die Konkurrenz jedoch niedrig ist. Wenn du zu deinem Thema Anzeigen schalten möchtest, ist der CPC-Wert (Cost per Click) für dich besonders interessant. Dabei solltest du darauf achten, dass dieser Wert für die wichtigen Suchbegriffe den durchschnittlichen Betrag von zwei Euro (über alle Branchen hinweg) nicht überschreitet. Denn das ist der Preis, den du bezahlst, wenn jemand später auf deine Google-Anzeige zu diesem Keyword klickt.

Doch Vorsicht: Wichtig ist die genaue Schreibweise der Begriffe. Denn entscheidend sind nicht Grammatik oder Rechtschreibung, sondern vor allem die Art und Weise, wie Google-Nutzer Begriffe in die Suchmaschine eingeben. So kann es sein, dass die Wörter „Katzenfutter“ oder „Katzenzucht“ von möglichen Kunden nicht in dieser Schreibweise gesucht werden, sondern vielmehr „katzen futter“ oder „katzen zucht“ etc. Das gilt vor allem für zusammengesetzte Begriffe. Deshalb wäre hier denkbar, dass bspw. „futter für katzen“ oder „katzen züchten“ die häufiger gesuchten Begriffe sind und deshalb die geeigneteren Keywords für deinen Webseitenaufbau darstellen. Versetze dich also in die Lage deiner potenziellen Kunden und überlege, wie du selbst nach Produkten googelst.

Schritt 3: Erstelle dein digitales Infoprodukt

Vorbereitung ist natürlich wichtig, aber vor allem kommt es auf die Umsetzung an. Daher gilt es in diesem Schritt, deine digitalen Infoprodukte zu erstellen. Um dein Wissen an andere Menschen weiterzugeben, eignen sich bspw. E-Books sehr gut. Der Hauptvorteil von E-Books besteht für deine Kunden darin, dass sie diese ganz bequem und schnell aus dem Internet herunterladen und sie umgehend nach der Bezahlung nutzen können. Anders als zum Beispiel bei analogen Büchern, bei denen sie unter anderem auf den Versand warten müssen.

Aber lass uns beim Beispiel E-Book bleiben. Ich möchte dir hier einmal skizzieren, wie du ein E-Book erstellst und dieses auch vermarkten kannst.

Zu Beginn musst du dir überlegen, welchen Titel dein E-Book bekommt. Es sollte ein Titel sein, der tatsächlich das Interesse der Kunden weckt. Dabei ist es erst einmal vollkommen nebensächlich, ob das jetzt schon der finale Titel ist. Es geht nur darum, dass der Titel inhaltlich passt und aussagekräftig genug ist, damit du im Folgenden für ein digitales Infoprodukt damit weiterarbeiten kannst.

Ich empfehle dir, bevor du mit dem Schreiben anfängst, erst eine Landingpage zu bauen. So mache ich es selbst auch, und es hilft mir durch den Entstehungsprozess. Denn deine Landingpage, also die spezielle Verkaufswebseite, sollte nur ein einziges Produkt fokussieren und die Vorzüge beschreiben, die deine potentiellen Kunden haben, wenn sie dieses kaufen. **Ganz entscheidend bei der Landingpage ist die Frage zu beantworten, die sich alle Besucher stellen: „Was springt für mich dabei heraus, wenn ich das Produkt kaufe?".** Und das gilt für jedes Produkt, das du verkaufen möchtest. Um diese Frage beantworten zu können, solltest du nun am besten ein Blatt Papier zur Hand nehmen und etwa zehn bis 20 Verkaufssätze aufschreiben, die genau diese Frage beantworten. Versuche diese Sätze so zu formulieren, dass diese auch wirklich neugierig machen.

Ich wollte dir als Leser in meinem neuen Praxishandbuch die aus meiner Sicht erfolgreichsten Geschäftsmodelle vorstellen. Diese habe ich mir also zuerst überlegt. Dann ist es aber auch wichtig zu erklären, wie du grundlegend so ein eigenes Business aufbaust. Natürlich gibt es verschiedene Modelle für die Planung, aber ich bin ein großer Fan vom modifizierten Businessplan, da du dich als Gründer damit wirklich auf die essentiellen Schritte fokussierst. Punkt drei war, dass du ohne Besucher keinen Umsatz generieren kannst. Also wollte ich dir direkt Online Marketingstrategien an die Hand geben. Das war schon das Grundgerüst meiner Gliederung. Was springt jetzt für dich dabei heraus, wenn du dir mein neues Buch durchliest? Du erfährst, wie du dir solch ein Online Business aufbaust und wie man damit Geld verdient. Und ich vergleiche aufgrund meiner langjährigen Erfahrung die Geschäftsmodelle miteinander, damit du für dich das passende finden kannst. Schau mal ins Inhaltsverzeichnis – aus diesen Vorteilen für dich ist die Unterteilung meiner einzelnen Kapitel entstanden.

Zurück zu deinem Blatt Papier: Wenn du den vorherigen Ablauf komplett durchgearbeitet und nun etwa zehn bis 20 Verkaufssätze verfasst hast, dann besitzt du jetzt im Idealfall – ohne es gemerkt zu haben – 20 Hauptkapitel deines künftigen E-Books! Denn all diese Sätze bilden perfekte Überpunkte, zu denen du dir jetzt noch einige Unterpunkte ausdenken kannst. Hast du die Unterpunkte formuliert, wandle diese in Fragen um. Die Antworten auf diese Fragen geben dann im Endeffekt die Ausführungen und Inhalte in deinem E-Book wieder. Wenn du so mit allen Unterpunkten verfährst und davor auch alle anderen Schritte wie beschrieben durchgeführt hast, besitzt du bereits – wieder ohne es gemerkt zu haben – ein komplett fertiges Inhaltsverzeichnis mit Überschriften.

Die letzte Phase besteht eigentlich nur noch daraus, dass du dir nacheinander jedes Kapitel vornimmst und zu jeder Frage eine ausführliche Antwort bzw. das Kapitel schreibst. Hier geht es wirklich darum, die Lösung des vorhandenen Problems zu bieten, nach der deine Leser suchen. Ich weiß, ich weiß, nicht jeder ist der geborene Autor und kann mit Sprache, Rhetorik und Stilistik umgehen. Ich bin auch kein Shakespeare! Trotzdem hält es mich nicht davon ab, E-Books oder Bücher wie dieses hier zu schreiben. Kunden, die dein Buch kaufen, werden es nicht kaufen, weil sie einen Roman lesen wollen. Sie kaufen es, weil sie sich die Lösung zu ihrem Problem erhoffen. Und genau das solltest du ihnen in einfachen und direkten Worten mitgeben, damit sie es verstehen und umsetzen können. Deshalb möchte ich dir ein paar wertvolle Tipps geben, die auch ich anwende:

- Formuliere deine Texte ganz ungebunden und frei heraus.
- Springe im Text nicht ständig hin und her.
- Lass dir Zeit beim Schreiben.
- Versuche, deine Texte in sinnvolle Absätze zu unterteilen.
- Nutze eine möglichst einfache Ausdrucksweise.
- Schreibe so, dass Bilder im Kopf entstehen.

Hast du dann das Buch fertig geschrieben, überträgst du den Text nur noch in das PDF-Format und erstellst ein ansprechendes Cover (wie du das einfach und schnell erstellen kannst, erfährst du im nächsten Schritt).

Schritt 4: Leite Marketingmaßnahmen ein

Nachdem dein digitales Infoprodukt fertig ist, müssen es auch möglichst viele Kunden finden und kaufen. Auch hier hast du wieder verschiedene Möglichkeiten. Zum einen kannst du dafür digitale Verkaufsplattformen nutzen. Zum anderen lassen sich die Produkte in deinem eigenen Online Shop anbieten. Über Social Media-Kanäle kannst du dann auf dein Produkt aufmerksam machen oder gezielte E-Mail-Kampagnen einsetzen. Genauso hat es auch Hannah geschafft und ihre Kunden von Instagram und Facebook auf ihre eigene Landingpage gelockt. Wir nutzen bei Gründer.de gerne unser Online Magazin, Webinare, E-Mail-Marketing, Ads und Social

Media, um unsere digitalen Infoprodukte zu platzieren.

Hast du die potenziellen Kunden dann auf deiner Webseite, musst du dein Produkt auch ansprechend präsentieren. Diverse Studien haben gezeigt, dass für viele Menschen das Produktbild wichtiger ist als der Inhalt der eigentlichen Produktbeschreibung. Nicht selten steigern Verkäufer durch professionelle und perfekt dargestellte Produktbilder die Verkaufsrate um 60 bis 140 Prozent! Und das gilt sowohl für Video-Kurse als auch für E-Books. **Achte auf gute Produktbilder: Sie sind das Verkaufsargument Nummer 1 – vor allem im Online Business.** Nimm dir daher viel Zeit und überlege dir genau, was deine Kunden anspricht. Hier lohnt es sich, in Grafikdesigner zu investieren, wenn du selbst keine im Team hast, um das beste Ergebnis zu erzielen. Und das solltest du auch unbedingt anstreben. Denn schlechte oder unprofessionelle Produktbilder können sich negativ auf die Verkaufsrate auswirken, wodurch diese im schlimmsten Fall sogar sehr viel geringer ausfällt.

Extrem wichtig dabei ist, dass deine Cover absolut hochwertig und hochauflösend sind. Immer wieder besitzen unprofessionelle Webseiten schlechte und viel zu kleine Produktbilder – auch bei digitalen Produkten, was den Gesamteindruck des Produktes sofort massiv schmälert. Dabei lässt sich ein Cover zum Beispiel schnell und einfach mit „Cover Commander“ oder „Cover Action Pro“ erstellen, um nur zwei der zahlreichen Anbieter zu nennen. Auch wir bei Gründer.de verzichten nicht auf professionelle Cover, wie du auf unserer Webseite erkennst (Wer unsere Seite nicht vor Augen hat:

► www.gruender.de/buecher/

So verdienst du mit digitalen Infoprodukten Geld

Das Interessanteste für dich ist wahrscheinlich, wie konkrete Erlösmodelle bei digitalen infoprodukten aussehen und wie viel Geld du nun damit verdienen kannst. Ganz ehrlich? Die Verdienste können so unterschiedlich sein, dass ich da keine pauschale Zahl nennen kann und will. Denn je nachdem, welches digitale Infoprodukt du verkaufen möchtest, ergeben sich unterschiedliche Kosten und Gewinnspannen. Gehaltsversprechungen sind komplett unseriös und deshalb möchte ich mich davon auch ganz klar distanzieren. Aber nichtsdestotrotz möchte ich dir ein Gespür dafür geben, was möglich ist. Deshalb habe ich folgende Grafik erstellt.

Übersicht der Produktklasse und ihre Preise	
Preisspanne	**Preisspanne**
E-Book & Hörbücher	1 € bis 49 €
Online-Kurse	49 € bis 299 €
Live Online-Seminare	199 € bis 1999 €

Du siehst, dass es unterschiedliche Preissegmente für unterschiedliche Produkte gibt. Diese Preise habe ich nicht willkürlich gewählt. Zum Teil beruhen sie auf meinen eigenen Erfahrungen. Zum Teil aber auch auf den gängigen Marktpreisen. Daher würde ich dir bei deiner Preiskalkulation auch empfehlen, innerhalb dieser Spannen zu bleiben. Denn hier wissen wir, dass Kunden bereit sind, diese Preise auch zu zahlen. Sind sie es bei dir nicht, solltest du vielleicht an deinen Inhalten schrauben oder die Vermarktung ändern.

Bleiben wir beim Beispiel des E-Books. Hier besitzt du den entscheidenden Vorteil, dass du sowohl die Preisgestaltung als auch die Absatzwege komplett selbst bestimmst und anpasst. Dadurch kannst du auch den Kaufpreis erhöhen, wenn die Nachfrage sehr gut ist oder umgekehrt auch jederzeit senken, wenn die Nachfrage einmal nicht so hoch sein sollte. Zudem hast du hier den großen Vorteil, dass es sich um dein eigenes E-Book mit allen Rechten handelt.

Du könntest dich aber auch dafür entscheiden, dein E-Book über eine Verkaufsplattform wie Amazon und Co. zu verkaufen. Für einige vielleicht eine perfekte Alternative zum eigenen Shop. Nehmen wir an, du entscheidest dich für Amazon als Verkaufsplattform. Hier kannst du dein E-Book kostenlos im Selbstverlag veröffentlichen und Millionen Leser durch das riesige Netzwerk von Amazon erreichen. Ein wahnsinniger Vorteil. Dein E-Book wird über Amazon auch in vielen anderen Ländern verkauft. Aber der Verdienst läuft über Tantieme, also nur eine Gewinnbeteiligung. Diese liegt bei 70 Prozent (solange dein E-Book höchstens 9,99 Euro kostet), wenn ein Kunde dein E-Book über Amazon kauft. Die Preise darfst du hier aber selbst festlegen und sie jederzeit auch ändern.

Wenn du aber nicht nur E-Books oder andere digitale Infoprodukte verkaufen möchtest, sondern dich für dein Thema als Experte positionieren und ein autarkes Online Business aufbauen möchtest, gibt es eine andere kluge Möglichkeit. **Denn eigentlich wollen wir ja, dass dein Kunde nicht nur dein E-Book kauft, sondern im besten Fall auch einen Online-Kurs und danach sogar an einem Live-Seminar teilnimmt.** Eigentlich möchten wir den Kunden langfristig halten und durch verschiedene Funnel (Verkaufsprozesse) leiten. So kommst du nicht nur zu einer intensiven Kundenbeziehung, du verdienst auch sehr viel mehr Geld. (Mehr zum Thema Funnel erfährst du im Kapitel 8.)

Natürlich weiß ich nicht genau, was dein unternehmerisches Ziel ist. Wenn du nur nebenbei etwas Geld verdienen möchtest, dann hast du bereits alle wichtigen Infos von mir zu diesem Geschäftsmodell bekommen. Wenn du aber das Ziel hast, als Unternehmer ein erfolgreiches Business zu starten, von dem du irgendwann auch leben kannst, dann möchte ich dir zeigen, wie Profis dieses Geschäftsmodell aufziehen würden. Neugierig geworden?

Ich würde das Ganze so angehen: Nehmen wir an, du weißt sehr viel zum Thema Fotografie. Du hast eine eigene Webseite zu diesem Thema und bloggst regelmäßig. Webseitenbesucher können sich durch deine Artikel hilfreiche Tipps für Kameras, Belichtungstechniken oder Motive holen. Durch die kostenlosen Ratschläge bauen die potenziellen Kunden Vertrauen auf und lernen dich als Experten kennen. Viel mehr Tipps, Geheimtricks und Insider-Wissen rund um Fotografie bietest du aber in einem kostenlosen E-Book zum Downloaden an – im Tausch für den Namen und die E-Mail-Adresse der Interessenten. Eine automatische Weiterleitung nach dem Download auf die Verkaufsseite deines Online-Kurses führt mit erhöhter Wahrscheinlichkeit dazu, dass Kunden auch den Online-Kurs kaufen. Falls nicht, hast du die E-Mail-Adressen, um die Kunden nochmals mit passenden Angeboten zu kontaktieren.

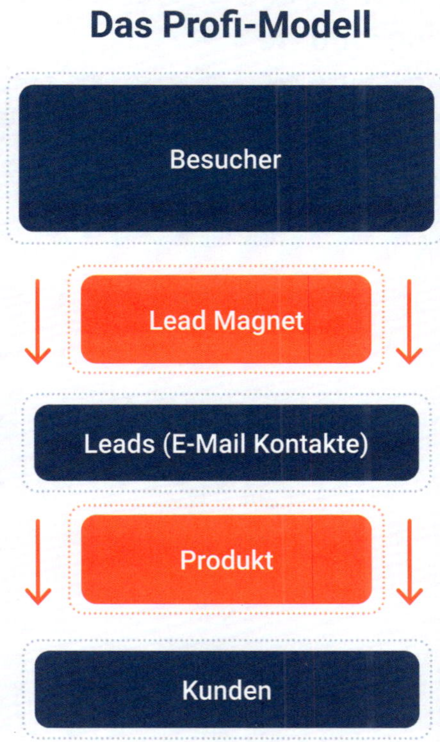

Natürlich kannst du darauf hoffen, dass Webseitenbesucher auch ohne kostenlose Lead-Magneten direkt etwas kaufen – aber meine Erfahrung sagt etwas anderes. Es wird nicht funktionieren, und schon gar nicht in der heutigen Zeit mit einem Übermaß an Angeboten im Internet.

Meine Bewertung des Geschäftsmodells „Digitale Infoprodukte"

Digitale Infoprodukte					
technisches Know-how	●	●	●	○	○
wöchentlicher Zeitaufwand	●	●	●	○	○
Rendite	●	●	●	●	●
Passives Einkommen	●	●	●	●	●
persönliche Sichtbarkeit	●	●	●	●	○
Flexibilität	●	●	●	●	●

1 = sehr niedrig, **5** = sehr hoch; Die Erklärung zu den Bewertungskriterien findest du in Kapitel 2.

Du suchst nach einem Business, bei dem du mit deinem Fachwissen maximal flexibel passives Einkommen generierst und dabei eine hohe Rendite erzielen kannst? Dann sind digitale Infoprodukte genau das Geschäftsmodell, das zu dir passt. Entscheidend bei diesem Geschäftsmodell ist, dass andere von dein Know-how profitieren.

Du kennst jetzt den Fahrplan: Du weißt, welche Produkte bzw. Formate in Frage kommen, wie du damit Geld verdienen kannst und auch, wie du dich positionierst. Los geht's!

Doch von null auf 100 mit dem eigenen Business zu starten, kann für viele erst einmal zur Überforderung werden. Wenn du dich noch stärker in die Thematik einarbeiten willst und quasi „Starthilfe" benötigst, dann kannst du dich für mein kostenloses Webinar „Der Online Business Insiderbericht" anmelden.

Dort bekommst du folgende Einblicke:

1. Mit so viel extra Einkommen kannst du als Einsteiger im digitalen Business wirklich rechnen.
2. Mit diesen Tools hast du die höchsten Erfolgschancen im digitalen Business.
3. Überblick über die Internet-Branchen, die die größten Wachstumschancen bieten und in denen ein Einstieg jetzt besonders lohnt.

Unter folgendem Link solltest du dich jetzt kostenlos zum Webinar anmelden:
► www.gruender.de/infoprodukte

5. Webinar Business

Nun kommen wir zu einem Geschäftsmodell, bei dem es unausweichlich ist, dass du dich in irgendeiner Form zu einem bestimmten Themengebiet als Experte positionierst: das Webinar Business. Wenn du aber nicht gern in der Öffentlichkeit stehst und trotzdem ein Webinar Business betreiben möchtest, gibt es da auch eine spannende Möglichkeit – diese verrate ich dir aber später. Erst einmal möchte ich dir den klassischen Weg zeigen, den übrigens auch ich schon seit einigen Jahren erfolgreich gehe.

Webinare sind so erfolgreich und vielfältig wie nie zuvor. Ich selbst habe ein Webinar Business und gebe mein Wissen als Gründer, Unternehmer und Coach mit Gründer.de seit über zehn Jahren an tausende Kunden weiter. Ich helfe damit Menschen, die an der Schwelle zu ihrem persönlichen unternehmerischen Glück stehen, den entscheidenden Schritt zu gehen. Das ist wundervoll und erfüllt mich mit Stolz und einer unglaublichen Energie.

Was ist ein Webinar Business?

Bevor es um das Business an sich geht, sollten wir uns den Begriff Webinar genauer ansehen. Die Definition lässt sich leicht ableiten: Es handelt sich um eine Wortschöpfung aus Web und Seminar. Damit sind Online-Veranstaltungen gemeint, die zu einem vorher vereinbarten Termin in Echtzeit stattfinden und für die Teilnehmer per Livestream übertragen werden. Für diesen Stream benötigst du als Vortragender dann eine Webinar-Software, die es in verschiedenen Ausführungen gibt.

Doch Webinare müssen nicht immer live sein. Es ist möglich Webinare aufzuzeichnen, um sie zu einem späteren Zeitpunkt ansehen zu können. Dadurch kannst du Webinare bspw. als Tutorial auf einer Webseite einbinden und zugleich als Seminar online anbieten. Und diese Vielfältigkeit ist ein Grund von vielen, warum ich ein Webinar Business als so genial ansehe. Es ergeben sich zahlreiche Möglichkeiten, um nicht nur Informationen weiterzugeben, sondern auch nebenbei gutes Geld zu verdienen.

Damit wir uns nicht falsch verstehen: Auch ein Webinar ist ein digitales Infoprodukt. Ich führe Webinare in diesem Buch aber nochmals als eigenständiges Business auf, weil diese Form der Wissensvermittlung unglaublich viel Potenzial beinhaltet und sich auch ohne weitere Produkte umsetzen lässt. Natürlich kannst du dein Webinar Business auch mit anderen digitalen Infoprodukten kombinieren. Das würde ich dir sogar empfehlen.

Aber zurück zu Webinaren. Die Themen für Webinare können ganz unterschiedlich sein und hängen natürlich von deinem Fachwissen ab. Ob Anleitungen zum Social Media-Einstieg, Strategien zur Vermögensanlage oder Praxis-Tipps für den Alltag: Es gibt für jedes Thema eigene Webinare mit insgesamt vielen Millionen Zuschauern.

Das kannst du dir nur schwer vorstellen?

Setz dich mal an deinen Laptop, Computer oder zück dein Smartphone und tipp bei Google in das Suchfeld „Webinare Themen" ein. Wenn du dich dann durch die ersten Suchergebnisse klickst, siehst du schnell, wie vielfältig die Themen von Webinaren sein können. Ernährung und Gesundheit, Film und Musik, Design und Architektur, Schwangerschaft und

Muttersein, Grundlagen der Mathematik, Mitarbeiterführung, Work-Life-Balance... ich könnte ewig so weiter machen. Es gibt unzählige Bereiche mit Experten, die ihr Wissen weitergeben möchten.

Aber auch in anderen Bereichen, in denen du kein E-Learning vermutest, haben Webinare als Weiterbildungsmaßnahme längst Einzug erhalten. Zum Beispiel in der Branche meiner Frau. Meine Frau ist Gynäkologin und regelmäßig auf Fortbildungsveranstaltungen. Mittlerweile sind diese aber auch rein virtuell. Und sie liebt es. Warum? Weil sie sich von zuhause aus noch viel besser auf die Inhalte konzentrieren kann und so viel mehr Learnings für sich herauszieht, als wenn sie mit 30 anderen in einem stickigen Konferenzraum sitzt, an dessen Standort sie erst einmal anreisen muss. Es ist also nicht nur eine andere Form der Wissensvermittlung, sondern auch eine viel praktischere und effizientere Methode sich weiterzubilden. Und genau deshalb macht es Sinn, diesen Trend des E-Learnings zu nutzen und über eigene Webinare nachzudenken. Das einzige, was du beachten solltest: die Positionierung als Experte.

Die Grundlage: Das Experten Business

Zu einem Webinar Business gehört auch ein Experten Business – zumindest in der Regel. Denn nur wenn du Experte für ein bestimmtes Themengebiet bist, kannst du auch glaubhaft Webinare dazu anbieten.

Gefühlt gibt es Experten wie Sand am Meer – und die Zahlen steigen. Die große Konkurrenz lässt besonders Einsteiger, die sich mit einem Experten Business etablieren wollen, zurückschrecken. Gerade als Neuling kann eine messerscharfe Positionierung zur Herausforderung werden. Doch das ist kein Grund, den Kopf in den Sand zustecken. **Mit der steigenden Anzahl der Konkurrenten entwickeln sich gleichzeitig auch immer mehr Nischen-Branchen, neue Perspektiven, Technologien und innovative Lösungsansätze.**

Daher braucht es Experten wie dich, die mit neuem Wissen Licht ins Dunkel bringen. Und wie das geht, möchte ich dir in diesem Buchkapitel näher bringen.

Das Experten Business

Zuerst möchte ich grundlegend auf den Aufbau eines Experten Business eingehen, das die klassische Grundlage für den Erfolg eines Webinar Business ist. Was brauchst du also, um als Experte erfolgreich zu sein?

Auch wenn es simpel klingen mag: Deine Hauptaufgabe ist die Beratung. Es gibt keine magische Formel oder einen rätselhaften Code, der über Nacht erfolgreiche und gefragte Experten erschafft. Was schlechte von guten Experten unterscheidet, ist die Leidenschaft und der Wille, Menschen zu begeistern. Experten in unterschiedlichen Branchen sind gefragter denn je und sichern sich einen gleichbleibend hohen Erfolg, wenn sie gute Ergebnisse liefern. Doch wie liefert man gute Ergebnisse? Was macht Experten so erfolgreich? Ganz einfach: Als erfolgreicher Experte bringst du ein tiefergehendes Wissen über ein entsprechendes Themengebiet mit. Du kannst konkrete Handlungsanweisungen geben, mit denen deine Kunden arbeiten können und ihre Probleme lösen. Das macht einen wesentlichen Erfolgsfaktor aus.

Praxis-Tipp: Wichtiger als zu den Besten in seiner Branche zu gehören, ist die konkrete Relevanz für die Bedürfnisse deiner Kunden, die tatsächlich vorhanden sind. Nicht immer suchen diese nach dem Besten des Faches, um ein Problem zu lösen. Finde daher immer heraus, welchen Kunden du wie helfen kannst. Konzentriere dich in der Positionierung als Experte auf die konkreten Bedürfnisse. Nur so kannst du damit auch Geld verdienen.

An dieser Stelle möchte ich dir meinen lieben Freund Hermann Scherer vorstellen. Hermann ist wirklich genial. Ein absolutes Genie in seinem Fach, und zwar im Experte sein.

Hermann erlernte den Beruf des Einzelhandelskaufmann und unterstützte seinen Vater bei der Gründung eines Lebensmittelladens. Doch je größer der Laden wurde und je mehr Mitarbeiter zu führen waren, merkte Hermann, dass er an seine Grenzen kam. Er konnte ganz wunderbar mit Zahlen umgehen, aber eben nicht mit Personal. Effektive Mitarbeiterführung verstand er nicht.

Also entschied er, sich Hilfe zu suchen und nahm an einem Coaching teil, das ihm beibringen sollte, wie man mit Mitarbeitern kommuniziert und diese auch erfolgreich führt. Schon während des Kurses bemerkte er, dass er eigentlich ein natürliches Talent für das Coachen besaß. Und noch mehr: Er entdeckte zum ersten Mal Leidenschaft. Also war für ihn ganz klar, dass er als Trainer Menschen weiterhelfen wollte und setzte alles in Bewegung, um als Experte durchzustarten.

Als dann Jahre später das Erbe seines Vaters ganze fünf Millionen Euro Schulden betrug, wurde Hermann bewusst, dass er seine Einnahmen deutlich steigern musste, um diesen Berg an Schulden zu tilgen. Andere würden an dieser Stelle aufgeben und nach allen Regeln der Kunst kapitulieren. Aber nicht Hermann Scherer.

Auf der Suche nach lukrativen Jobs entdeckte er mit 33 Jahren die Speaker-Branche, die in seinen Augen eine unverhältnismäßig hohe Aufwandsentschädigung für eine relativ kleine Leistung zahlt. Er rechnete nach: Für einen halb- bis einstündigen Bühnenauftritt können Speaker das Vielfache von dem abrechnen, was andere Coaches für die dreifache Dauer erhalten. Danach war klar, dass er auf die Bühne musste! Mit wenigen hundert Euro Kapital startete er seinen neuen Beruf.

Aufgrund seiner Erfahrungen in der Betriebswirtschaft und in der Beratung waren seine Themen breit aufgestellt und für viele Menschen gleichermaßen interessant. Obwohl das erste Jahr weniger erfolgreich war, gab Hermann nicht auf. Auf der Suche nach Kunden verstärkte er seine Kaltakquise, telefonierte sein Telefonbuch durch und schrieb Briefe an verschiedene Veranstalter. Und auch hier kam ihm recht schnell die Erkenntnis, wie er zu seinem Geld kommen konnte: durch Firmenevents. Denn der Hauptumsatz in der Redner-Branche wird mit nicht-öffentlichen Veranstaltungen generiert. Also suchte er sich gezielt Unternehmen aus, schrieb sie an, beglückwünschte sie bspw. zu Umsatzentwicklungen und bot im gleichen Zug seine Vorträge an. Und genau diese Hartnäckigkeit und der starke Wille führten zum langersehnten Durchbruch. Durch seine Begeisterungsfähigkeit, motivierenden Worte und seine ganz eigene Art, mit Menschen zu kommunizieren, landete er genau dort, wo er hin wollte: auf den unterschiedlichsten Bühnen in den unterschiedlichsten Ländern.

Doch der wirkliche Erfolg von Hermann – auf den ich zu sprechen kommen will – ist der, dass er immer, wirklich immer, nah an den Menschen ist und sich stets die Frage stellt: Was braucht der Kunde? Hat er dies dann herausgefunden, richtet er seine Vorträge darauf aus, überzeugt damit und bekommt dafür auch die entsprechenden Honorare. Sein Kernthema heute: Den Menschen zur Marke machen. Denn genau das macht er auch mit sich selbst, und weiß, dass das der Schlüssel zum Erfolg in der Speakerbranche ist. Und zwar in die Sichtbarkeit und Aufmerksamkeit der eigenen Person am Markt zu investieren.

Warum ich dir auf über zwei Seiten dieses Buches die Geschichte von Hermann Scherer erzähle? Weil dieses Beispiel zeigt, wie ein Experten Business funktioniert, warum es funktioniert und was es braucht, um erfolgreich zu sein: die Leidenschaft für Themen, mit denen man Lösungen aufzeigen will. Natürlich musst du als Experte nicht zwingend auf den großen Bühnen der Welt stehen, aber wenn du dieses Beispiel herunterbrichst, wirst du sicherlich merken, dass du als Experte in deiner Nische präsent sein musst, um die Aufmerksamkeit deiner Kunden zu erlangen. Vor allem um dann mit Webinaren dein Wissen erfolgreich zu vermitteln. Und ich möchte dir mit diesem Kapitel bei deiner Positionierung helfen.

Positionierung als Experte

Grundsätzlich kann sich jeder als Experte selbstständig machen. Es gibt jedoch spezielle Fachgebiete mit ausgebildeten Experten, wie Steuerberater, Wirtschaftsprüfer oder Rechtsanwälte, die natürlich ein Studium voraussetzen. Ganz klar.

Wichtig ist die weitreichende Arbeitserfahrung, die Experten über die Jahre in einer Branche aufbauen, um nachhaltig für wirtschaftlichen Erfolg und eine zufriedene Kundenbasis zu sorgen. Du merkst also, im Experten Business zählt vor allem die Berufserfahrung, das Know-how in einem Spezialgebiet und die Leidenschaft, sein Wissen zu teilen.

Auch wenn du gerade einen Beruf ausübst, bei dem du dir wirklich gar nicht vorstellen kannst ein Experten Business aufzubauen, möchte ich dich vom Gegenteil überzeugen. Ich möchte dir deshalb folgendes Beispiel nennen.

Stell dir vor, du bist Zahnarzt und hast viele Angstpatienten, die zu dir in die Praxis kommen. Dann stellst du mit der Zeit fest, dass du diesen Patienten die Angst vor dem Bohrer nehmen kannst. Damit sicherst du dir also eine Positionierung in deiner Branche. Du hebst dich von deiner Konkurrenz ab, ohne dabei den Status zu erheben, der Beste zu sein. Als Experte für Angstpatienten richtest du dann deine Praxis ein und entwickelst deine Expertise dahingehend immer weiter. Spezifische Schulungen für das Personal in der Praxis, beruhigende Musik und Entspannungstechniken bilden eine weitere Möglichkeit, die besondere Ausrichtung zu schaffen. Schon kannst du auch anderen Zahnärzten oder Brancheninteressierten dein Wissen exklusiv verkaufen und zum Beispiel in Webinaren anbieten. Und nun möchte ich dir erklären, wie genau du dein Wissen in Webinare verpacken kannst.

So baust du dir ein Webinar Business auf

Das Allerwichtigste ist, bevor du konkret mit einem Webinar Business startest, dass du dir genau überlegst, welche Nische du bedienst bzw. was genau deine Positionierung ist. Je konkreter dein Fachwissen ist, desto zielgerichteter kannst du dein Webinar auf deine Zielgruppe ausrichten. Dazu möchte ich dir das Beispiel von Silke König aufzeigen.

Silke ist Webseiten-Expertin und unterstützt Frauen darin, ihre eigene perfekte Webseite selbst aufzubauen. Und Silke ist ziemlich erfolgreich im Coachen. Doch das war ihr nicht von Anfang an bewusst.

Alles startete damit, dass Silke einer Freundin erklärte, wie sie eine Webseite erstellen konnte. Als Nicht-Programmiererin brachte sie sich das IT-Wissen mit den Jahren selbst bei. Ihr Fachwissen konnte Silke ihrer Freundin aber so gut vermitteln, dass sofort klar war: Das müssen auch andere Frauen vermittelt bekommen. Anfang 2018 entstand dann die Idee, daraus ein Online Business zu entwickeln.

Bildquelle: www.fraukoenig.de

Also baute Silke eine eigene Webseite für ihr Coaching, um als Expertin überhaupt sichtbar zu werden. Da eine Webseite alleine nicht reicht, startete sie auch einen eigenen Instagram-Account und sah sich vor der Herausforderung, ein solch dröges Thema überhaupt spannend und attraktiv darzustellen. Ihre Zielgruppe sollten überwiegend

Frauen sein und die wollte sie auch gezielt ansprechen. Sie entschied sich dafür, das Thema Technik mit Witz und Augenzwinkern aufzugreifen, Frauen so die Angst davor zu nehmen, aber vor allem ohne Fachchinesisch klar und verständlich zu sein.

Doch wie bringt man Menschen komplexe Themen am besten bei? Naja, Face-to-Face, würde ich sagen und so sah das auch Silke. Sie bot am Anfang 1:1 Coachings an, um mit ihren Kunden im persönlichen Gespräch Fragen zu klären und ganz gezielt auf die individuellen Bedürfnisse einzugehen. Doch Silke konnte nach einigen Coachings beobachten, dass sich die Fragen immer wiederholten und die Probleme immer dieselben waren. Da lag es nahe, alle grundlegenden Fragen gebündelt in einem Video zu erklären und somit einen Online Kurs anzubieten. Das war die perfekte Möglichkeit, mehr Kunden zu erreichen, das Wissen an viele gleichzeitig zu vermitteln und ihr Business viel einfacher zu monetarisieren.

Doch es gab auch Kunden, die bereits über die Grundeinstellungen einer Webseite hinaus waren und sehr spezifische Fragen hatten, die sich oftmals nur um ihren eigenen Business Case drehten. Deshalb nahm sich Silke vor, sowohl Webinare als auch weiterhin die 1:1 Coachings anzubieten. Um jedem Kunden genau das zu bieten, was er braucht.

Und mit dieser Vision entwickelte sie ein Konzept für Webinare. Sie gab den Themen eine sinnvolle Reihenfolge, sodass alle grundlegenden Fragen durch die ersten Online Kurse beantwortet wurden. Sie baute eine Landingpage für ihr Webinar, entschied sich für einen externen Zahlungsanbieter, baute einen Mitgliederbereich auf ihrer Webseite auf und integrierte einen extra Kurs-Bereich. Alles stand innerhalb von fünf Tagen und nach diesen fünf Tagen konnte sie schon die ersten Kunden im Gruppenkurs willkommen heißen. Zwar war das Webinar alles andere als perfekt und mit dem ein oder anderen Fehler, aber das schreckte Silke nicht ab, es trotzdem umzusetzen. Sie ging sogar so weit, ihren Kunden weitere Videos zum Download zu versprechen, obwohl sie zu diesem Zeitpunkt noch nicht ein einziges Video fertig hatte. Also schob sie eine Nachtschicht ein, nahm die Videos auf, erstellte eine Anleitung und ein Workbook. Nach dem Motto: Wer will, der kann auch. Silke war bereit, die Extra-Meile zu gehen. Diese Bereitschaft ist aus meiner Sicht für Unternehmer extrem wichtig, egal, für welches Geschäftsmodell du dich entscheidest. Und für Silke hat es sich gelohnt!

Ihre Kunden hatten nichts negatives auszusetzen – im Gegenteil: Sie bekam positives Feedback. Nach und nach konnte sie an gewissen Ecken und Kanten nachjustieren und so den Kurs rund machen.

Mit dem Wissen, dass sie alles schaffen kann, was sie möchte, versuchte Silke noch strategischer vorzugehen. Sie besprach mit den Kursteilnehmern, was ihnen am wichtigsten ist, wo genau ihre Pain Points liegen und was die Schwierigkeiten sind. Sie erkannte, dass sie alle kein Konzept hatten. Keine Positionierung. Und genau diese Themen nahm sie mit auf Instagram, erstellte daraufhin ihre Posts und Stories und machte das Thema Webseitenkonzept dann zu ihrem nächsten Modul.

Bildquelle: www.instagram.com/fraukoenigstudio

Dieser Kurs sollte nun komplett auf der eigenen Webseite eingebaut werden: mit eigenem Shopsystem anstatt externen Zahlungsanbieter, mit eigenem Workbook und sogar eigener Warteliste für Webinar-Interessierte. Durch klug eingesetzte Freebies, also kostenlose Produkte, konnte Silke vor allem über Social Media ihre Kontakte verdoppeln. Und sie merkte auch, dass die Leute blieben und sich für Folgekurse anmeldeten.

In relativ kurzer Zeit generierte Silke viel Umsatz. Von 40 Leuten, die im ersten Live-Webinar dabei waren, kauften 38 weitere Kurse für rund 450 Euro. So blickte sie bereits bei ihrem ersten Launch auf über 17.000 Euro Umsatz. Heute hat Silke König zwei hochpreisige 1:1 Mentoring-Pakete, kostenpflichtige Design-Vorlagen und auch ein heiß begehrtes 12-Wochen-Online-Programm mit acht umfassenden Modulen für die Umsetzung der perfekten Webseite. Aber nicht mehr nur zum Thema Webseitenaufbau, sondern auch Suchmaschinenoptimierung und Analysetechniken. Eben alles, was man braucht, um mit der eigenen Webseite sichtbar zu werden. Auf Instagram hat sie zwar „nur" eine Followeranzahl im unteren vierstelligen Bereich, aber Silke weiß, dass es nicht immer nur um Zahlen geht, sondern darum, die richtigen Menschen zu erreichen, die einem Vertrauen schenken und zu echten Kunden werden.

Anhand des Beispiels von Silke König möchte ich dir nicht nur zeigen, wie ein möglicher Start eines Webinar Business funktionieren kann, sondern auch, wie eine Nischen-Positionierung aussehen könnte und wie geschickt du digitale Infoprodukte in Form von Vorlagen, Design-Downloads, Videos und Workbooks in dein Webinar Business einfließen lassen könntest. Und wie gut sich diese Produkte als Freebies und Lead-Magneten eignen, um Interessierte zu Kunden zu machen (mehr Infos zu Lead-Magneten findest du in Kapitel 8).

Ich möchte dich aber nicht nur inspirieren, sondern zur Umsetzung bewegen. Ich möchte, dass du nach diesem Kapitel (oder vielleicht nach Beendigung des ganzen Buches) alles beiseite legst, um sofort loszulegen. Also gehen wir gemeinsam den theoretischen Aufbau eines Webinars durch, um ihn dir so praktisch wie möglich vor Augen zu führen. Fangen wir bei Schritt 1 an.

1. Schritt: Bereite spannende Inhalte vor

Aktuell gibt es sehr viele Experten und Webinar-Anbieter auf dem Markt. Doch keine Angst, das ist ein gutes Zeichen! Denn es beweist eigentlich nur, dass in diesem Bereich eine enorme Nachfrage existiert. Biete deinen Teilnehmern einen konkreten inhaltlichen Mehrwert, damit sie sich für dein Webinar entscheiden. Decke dabei aber einen spezifischen Bereich ab. Es macht zum Beispiel Sinn, statt „Das Facebook-Webinar" den konkreten Titel „Facebook-Gruppen als wirksame Strategie für deinen Markenaufbau" zu verwenden. Es ist wichtig, dass du als Experte in deinem gewählten Thema auftrittst. Denn nur so bleibt dein Webinar glaubwürdig und deine Teilnehmer erkennen direkt den Mehrwert.

2. Schritt: Finde eine Webinar-Software

Beim Start mit deinem Webinar Business kannst du zwischen zahlreichen Webinar-Anbietern auswählen, die sich bezüglich des Preises und den Funktionen unterscheiden. Bevor du dich entscheidest, solltest du deine Bedürfnisse definieren und dein Budget festlegen. Zu den bekanntesten Anbietern gehören ClickMeeting, GoToWebinar, edudip und Webinaris. Die Kosten starten ab 20 Euro pro Monat und können bis zu 90 Euro monatlich betragen, abhängig von der Laufzeit und den gewünschten Funktionen. Ich nutze für meine Webinare Webinaris und schätze hier vor allem die Funktion, meine Webinare vollkommen flexibel anbieten zu können.

3. Schritt: Überprüfe die technischen Voraussetzungen

Keine Sorge. Die Technik ist kein Hexenwerk. Für die Webinar-Aufnahmen brauchst du lediglich eine Kamera, ein Mikrofon und am besten eine zusätzliche Lichtquelle. Mein Equipment für die Gründer.de-Webinare haben wir von unterschiedlichen Anbietern und Marken zusammengestellt. Meine Webcam ist von Logitech, da hier das Preis-Leistungs-Verhältnis am besten ist. Unsere Leuchten sind Softboxen, die man relativ günstig bei Amazon erwerben kann. Wir haben zwei Stück, da somit für ein optimales Lichtverhältnis gesorgt ist. Beim Mikrofon haben wir nicht gespart, weil es meines Erachtens am wichtigsten ist, dass mich meine Teilnehmer perfekt hören können. Auch wenn das Bild mal hakt – hauptsache man hört, was du sagst. Wir nutzen daher etwas teurere Funkstrecken, die auch etwas mehr Technikaffinität erfordern. Als Anfänger würde ich dir daher empfehlen, ein Mikrofon zu kaufen, dass du über USB anschließen kannst. Wichtig ist in jedem Fall einen guten „Stand" zu haben, damit sich keine Störgeräusche einschleichen können.

Egal, für was du dich entscheidest: Alle Teilnehmer müssen dein Webinar ohne Probleme abspielen können. Achte also darauf, dass deine Webseite einwandfrei funktioniert und auch das Bild bzw. der Ton qualitativ hochwertig ist. Für ein Live-Webinar sollten sich deine Zuschauer problemlos in den Stream einloggen können. Auch deine Internetverbindung ist für einen Livestream entscheidend, denn wenn plötzlich die Verbindung abbricht, sorgt das für Frust bei den Teilnehmern und hinterlässt möglicherweise nicht nur unzufriedene Kunden, sondern auch schlechte Kritiken.

Außerdem brauchst du für die riesigen Datenmengen einen zuverlässigen Speicherort, zum Beispiel einen Cloud-Dienst oder einen eigenen Server. Die Kosten für den eigenen Server starten ab 20 Euro monatlich.

4. Schritt: Wähle einen passenden Termin

Entscheidest du dich für ein Live-Webinar, solltest du auch einen Termin wählen, zu dem deine Teilnehmer einschalten können. Doch dafür musst du die Gewohnheiten deiner Zielgruppe ganz genau kennen. Studenten sind bspw. zeitlich sehr flexibel, Berufstätigen passt es dagegen eher am frühen Abend. Dienstag und Donnerstag ab 19 Uhr sind die beliebtesten Termine für Webinare, doch daran musst du dich nicht zwingend halten. Wichtig ist neben dem passenden Termin auch die Länge des Webinars zu begrenzen. Mehr als 90 Minuten sind in der Regel zu viel, da dann die Konzentration deiner Zuschauer nachlässt.

5. Schritt: Leite Marketingmaßnahmen ein

Damit sich möglichst viele Teilnehmer für dein Webinar anmelden, kannst du verschiedene Marketingmaßnahmen einleiten und auf deinen Stream hinweisen. Besonders gut geeignet sind dafür Social Media-Plattformen, da sich dort die Zielgruppe exakt festlegen lässt und die Kosten gut kalkulierbar sind. Nutze zum Beispiel Facebook-Gruppen, um deinen Termin anzukündigen oder schalte eine Ad bei Instagram bzw. Facebook. Zusätzlich ist auch Bannerwerbung auf deiner eigenen Webseite oder bei Geschäftspartnern ideal geeignet, um direkt zur Anmeldung für dein Webinar weiterzuleiten.

Exakt so hat es übrigens auch Silke König gemacht. Sie nutzte Instagram und Facebook, um ihre User und Follower „scharf" auf den Kurs zu machen, indem sie Inhalte anteaserte, erste Einblicke gab und die Leute gezielt fragte, was sie sich für Thematiken wünschen. So gelang es ihr auch, dass die Warteliste für die Teilnahme am Webinar immer voll war. Super einfach, aber total genial.

Auch Google Ads kann sich als Marketing-Maßnahme lohnen oder du gehst eine Kooperation mit Influencern oder Bloggern ein, die dein Webinar-Business bewerben. Sobald du ein paar Webinar-Anmeldungen generiert hast, kannst du bei zukünftigen Terminen dann auf E-Mail-Marketing setzen. Dabei bietet sich generell immer eine Rabattaktion für die ersten Teilnehmer deines Webinars an. Oder du stellst Inhalte kostenlos zur Verfügung, um mehr Aufmerksamkeit und erste Kunden zu erreichen. Auch diesen Trick hat Silke König durch Freebies und Downloads umgesetzt. (In Teil drei stelle ich dir verschiedene Online Marketingstrategien vor, dort findest du noch einmal mehr Informationen zu Influencer Marketing, E-Mail-Marketing und Lead-Magneten).

6. Schritt: Präsentiere die Inhalte abwechslungsreich

Prinzipiell kannst du bei einem Webinar Business einfach nur in eine Kamera sprechen und dein Expertenwissen weitergeben. Doch das wird langfristig nicht ausreichen, um deine Zuschauer bei Laune zu halten. Das weiß ich aus Erfahrung. **Baue deshalb eine Präsentation in dein Webinar ein, die du zum Beispiel mit PowerPoint erstellen kannst und die verschiedene Fotos enthält.** Keine Panik, diese Präsentation muss kein extraordinäres Design oder wahnsinnig gute Animationen enthalten. Ich würde sogar behaupten, dass solche Elemente eher vom Kernthema ablenken. Genau deshalb gestalte ich meine Präsentationen in Webinaren genau so, dass auf jeder Folie klar wird, was ich vermitteln möchte. Denn ich möchte, dass meine Teilnehmer Inhalte aus dem Seminar mitnehmen und keine Design-Ideen. Allerdings macht es wenig Sinn, exakt deine gesagten Worte noch einmal aufzuschreiben oder wahllos Fotos einzubinden. Besser ist es nur Stichpunkte zu verwenden und die Bilder gezielt einzusetzen. Fotos oder Grafiken sollen deine Informationen nur unterstreichen, aber kein neues Thema erschaffen. Du kannst auch ein anderes Medium wie zum Beispiel ein Flipchart während deines Webinars einbauen, um Gesagtes zu unterstreichen.

Praxis-Tipp: Ein Vortrag wird viel lebendiger, wenn du Use Cases vermitteln kannst oder Beispiele aufzeigst. So können deine Teilnehmer sehen, wie sich die Theorie in die Praxis umsetzen lässt. Sie unterstreichen den aktuellen Bezug deiner Inhalte und machen jede Thematik verständlicher.

So verdienst du mit einem Webinar Business Geld

Grundsätzlich gibt es zwei verschiedene Möglichkeiten, mit einem Webinar Business Geld zu verdienen.

Verdiene Geld mit kostenpflichtigen Webinaren

Tatsächlich kannst du schon sehr schnell Geld mit deinem Webinar Business verdienen, wenn du Tickets für einen Livestream verkaufst oder Inhalte kostenpflichtig zum Download anbietest. Mit jedem Klick auf den Kauf-Button generierst du also Einnahmen.

Wenn du kostenpflichtige Produkte anbietest, starte am besten mit niedrigen Kosten als Spezialangebot und erhöhe dann die Preise. Wie hoch du diese Kosten ansetzt, ist natürlich dir überlassen. Doch insgesamt macht es Sinn, sich an der Konkurrenz zu orientieren. Bedenke immer, dass deine Zuschauer erst einmal Vertrauen aufbauen und dich als Experten erkennen müssen. Deshalb sollten die Preise für deine Webinare nicht zu hoch sein.

Verdiene Geld mit kostenlosen Webinaren

Das wirklich Fantastische an Webinaren ist, dass du auch komplett kostenlose Inhalte anbietest kannst und trotzdem Geld verdienst. Denn die Webinare eignen sich ideal dafür, ein eigenes Produkt zu pitchen oder auf weitere Inhalte hinzuweisen. Veranstaltest du zum Beispiel einen Livestream zum Thema „Dein eigenes Online-Business von zuhause starten", dann erfahren die Teilnehmer natürlich sehr viele Fakten zu einem Online Business und zur Umsetzung. Innerhalb des Webinars kannst du aber auch deine Bücher zu dem Thema vorstellen, weitere kostenpflichtige Webinare erwähnen, auf eine eigene Software hinweisen oder fremde Produkte gegen eine Provision vorstellen. Bist du als Coach tätig, solltest du deinen Teilnehmern unbedingt eine ausführliche Beratung in einem kostenpflichtigen Einzelcoaching empfehlen.

Produkte, die am Ende einer kostenlosen Vorleistung angeboten werden, nennen wir in der Branche „Upsell-Angebote". **Und dieser Pitch auf ein kostenpflichtiges Produkt ist mit das wichtigste Element in deinem Vortrag.** Daher sollten alle vorherigen Informationen auf diesen Pitch hinauslaufen.

Meine Bewertung des Geschäftsmodells „Webinar Business"

Webinar Business					
technisches Know-how	●	●	●	●	○
wöchentlicher Zeitaufwand	●	●	●	○	○
Rendite	●	●	●	●	●
Passives Einkommen	●	●	●	●	○
persönliche Sichtbarkeit	●	●	●	●	●
Flexibilität	●	●	●	●	○

1 = sehr niedrig, **5** = sehr hoch; Die Erklärung zu den Bewertungskriterien findest du in Kapitel 2.

Du möchtest deine Expertise in Form von Videos verbreiten und hast Talent, vor der Kamera dein Fachwissen verständlich zu vermitteln? Du kennst dich mit der notwendigen Software und der Technik aus oder hast Lust, dich in diesen Bereich einzuarbeiten? Dann ist das Webinar Business das Geschäftsmodell, das perfekt zu deiner Persönlichkeit passt und mit dem du eine lukrative Rendite erzielen kannst. Einmal eingearbeitet und vertraut mit der Technik, kannst du spielend leicht und ohne großes Risiko nebenbei passives Einkommen generieren – perfekt für alle, die Spaß am Präsentieren haben.

In meinem kostenlosen Webinar „Die Webinar-Erfolgsformel: In 5 einfachen Schritten zu deinem eigenen Webinar-Business" nimmst du zusätzliche Insidertipps für deinen Start mit:

- Du lernst, warum ausgerechnet Webinare die derzeit beste Marketing-Waffe sind.
- Du erfährst, wie du perfekte, spannende und vor allem verkaufsstarke Webinare selber baust.
- Du profitierst aus über zehn Jahren Praxiserfahrung mit verkaufsstarken Webinaren und lernst, wie du deine Umsätze massiv steigerst und schnell eine starke Leadliste aufbaust.
- Neben theoretischem Wissen setze ich hier den Fokus auf praxisnahes Know-how und präsentiere Anleitungen, Beispiele und erprobte Tools, mit denen du noch heute starten kannst.

Wenn du ein Webinar Business aufbauen möchtest, ohne selbst als Experte in Erscheinung zu treten, dann zeige ich dir außerdem am Ende meines Webinars eine tolle Alternative auf.

Über diesen Link solltest du dich jetzt kostenfrei zum Webinar anmelden:
► www.gruender.de/webinar

6. Dropshipping

Tobias möchte sein Wohnzimmer neu einrichten und entscheidet sich dazu, seinen Online-Shop des Vertrauens aufzusuchen. Er setzt sich an den PC, öffnet den Shop und klickt sich durch das Sortiment. Die alten Farben seiner Einrichtung kann er nicht mehr sehen, also entscheidet er sich für farbenfrohe Kissen, einen passenden Teppich und die Lieblingsduftkerzen seiner Frau Julia. Praktischerweise bietet der Online Händler auch noch passendes Geschirr an - klick, und der Einkaufswagen ist vollständig.

Tobias freut sich und sieht den netten Online Händler bereits durch sein Lager streifen, um die bestellen Artikel aus den Regalen zusammen zu sammeln. Bei der letzten Bestellung war alles so sorgsam eingepackt. Tobias weiß, dass der Händler geschickt im Umgang mit Verpackung und Klebeband ist. Hoffentlich ist das Geschirr nicht allzu schwer, denkt sich Tobias, damit der Weg zur Post nicht zu beschwerlich ist.

Tja, denkst du auch wie Tobias? Dass der Einkauf im Online Shop heutzutage so abläuft? Dass der nette Online Händler durch sein Lager streift? Unendlich viel Platz, Zeit und Mitarbeiter hat und Tobias' Bestellung mit Liebe zum Detail versendet?

Die Wahrheit ist: selten! Herzlich willkommen zum Geschäftsmodell Dropshipping - der einfachen Lösung für den netten Online Händler.

Was ist Dropshipping?

Ich möchte hier ein bisschen ausholen. Erinnerst du dich noch an Kapitel 1 und meinen Werdegang? Ich bin weit weg vom Internet-Business aufgewachsen. Auf einem Bauernhof bei Ostwestfalen verbrachte ich meine Kindheit und Jugend. Meine Eltern waren Landwirte. Und obwohl ich im Familienbetrieb fest eingespannt war, erkannte ich schon frühzeitig, dass der Bauernhof nicht meine Bestimmung war. Zwar konnte ich als Zahlen-Junkie die Buchhaltung übernehmen und perfektionieren, aber ich wusste, in mir steckt mehr. Wie gesagt, ich habe dann Abitur gemacht, eine Ausbildung zum Industriekaufmann absolviert und mich für ein Studium entschieden.

Warum ich dir das erzähle? Weil diese Erfahrungen unter anderem dazu führten, dass ich mit meinem eigenen Dropshipping Business startete – und das schon früh. Denn während des Studiums baute ich einen Online Shop auf. Ich wusste, der Markt ist groß und ich wollte ein Stück vom Kuchen abhaben. Die Herausforderung an diesem neuen Projekt gab mir genug Motivation, sofort zu starten.

Über meinen Online Shop habe ich damals Uhren und Schmuck verkauft.

Auf der nächsten Seite siehst du, wie mein Shop damals aussah. Ich weiß, er war keine Augenweide (über das Design lässt sich streiten), aber ich war dennoch stolz darauf. Ich hatte tausende Uhren von den verschiedensten Marken im Sortiment – von den meisten dieser Marken hatte ich noch nie zuvor gehört. Ich konnte meinen Kunden alles anbieten: Uhren für Damen, für Herren, für Kinder, Tisch- und auch Wanduhren. **Und eins faszinierte mich und ließ mich nicht mehr los: Ich konnte tausende Uhren anbieten, ohne sie je besessen zu haben, ohne sie je gesehen zu haben und vor allem ohne sie lagern zu müssen.** Alles lief automatisiert über einen Großhändler. Fantastisch, oder?

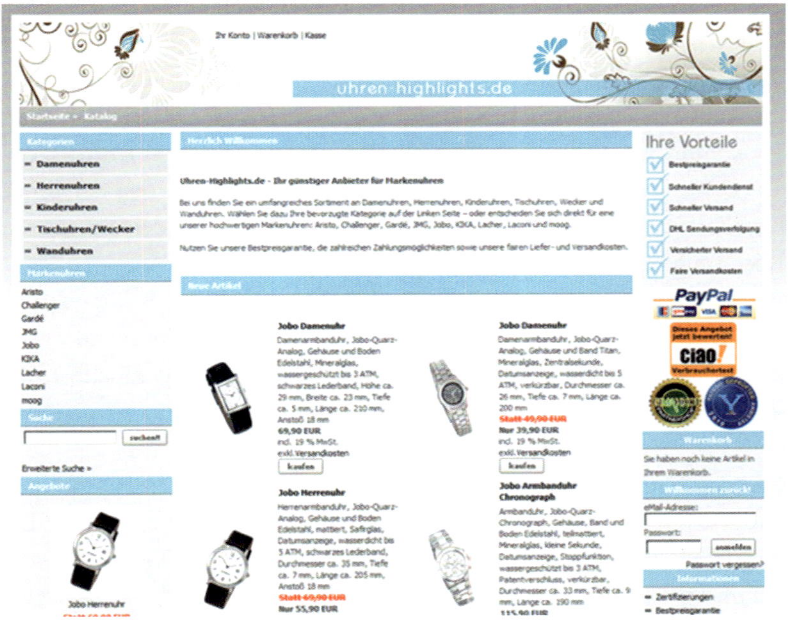

Während meine Kommilitonen in den Vorlesungen Notizen schrieben, am Handy spielten oder fast einschliefen, arbeitete ich fleißig an meinem Online Shop. Bearbeitete Artikel, recherchierte neue Produkte, schrieb Rechnungen oder erteilte Versandaufträge. Ich musste weder Produkte verpacken noch Pakete versenden. Das war ultra genial und zeigte mir ganz deutlich, wie viel Potenzial in diesem Geschäftsmodell steckt. Ich hatte kaum Kapital und konnte dennoch mit meinem eigenen Business starten.

Und daher möchte ich auch dir nahelegen, mit einem Dropshipping Business zu starten. Damit dir das Prinzip des Geschäftsmodells deutlich wird, möchte ich dir die grundlegenden Strukturen genau erläutern.

Fangen wir ganz vorne an. Das Geschäftsmodell des Dropshippings beinhaltet drei elementare Parteien:

Die Verkäufer: Als Verkäufer verwaltest du deinen Shop und versuchst, möglichst viele potenzielle Kunden zu generieren. Wenn eine Bestellung reinkommt, kontaktierst du die Großhändler und gibst den Auftrag weiter. Dein Gewinn ist die Differenz zwischen dem Betrag, den die Großhändler für das Produkt berechnen und dem Betrag, der den Kunden in Rechnung gestellt wird.

Die Endkunden: Sie kaufen das Produkt in deinem Online Shop und wissen dabei nicht, ob sie eine Dropshipping-Lieferung erhalten oder nicht. Übersetzt heißt das: Kein Mensch weiß, dass du die Ware nicht selbst gelagert hast.

Die Dropshipping-Anbieter: Sie nehmen die eigentliche Bestellung entgegen und leiten den Versand des Produkts in die Wege. Das Geniale dabei: Du musst dich nicht um Formalitäten wie Versand-, Zoll- und Vertriebskosten kümmern. Das wird alles von den Anbietern übernommen.

Dropshipping kann daher auch als eine Art E-Commerce bezeichnet werden, bei der Online Händler in ihrem Shop diverse Produkte anbieten, die sie eigentlich gar nicht auf Lager haben. Falls nun also dem Kunden ein Artikel gefällt und er diesen von dir kaufen möchte bzw. diesen bestellt, versendest nicht du den Artikel. Es sind die Großhändler, die das Produkt an deinen Kunden senden. Du selbst hast also keinen physischen Kontakt zu deinem angebotenen Produkt. Dropshipping bietet dir daher einen entscheidenden Vorteil gegenüber dem Einzelhandel: Du hast bei diesem Geschäftsmodell nicht mehr das Problem eines Lagerbestandes und musst dich nicht um dessen Vollständigkeit kümmern. Du musst deine angebotenen Artikel nicht mal versenden und kassierst trotzdem das Geld dafür.

Du bist von dieser Idee nun angefixt? Zurecht, denn dieses Geschäftsmodell ist besonders lukrativ, wenn du dich zwar mit einem Online-Handel selbstständig machen möchtest, aber wenig mit der Herstellung der Produkte zu tun haben willst.

So baust du dir ein Dropshipping Business auf

Wie ich selbst konkret gestartet bin? Ehrlich gesagt habe ich von Anfang an nur auf das Marktpotenzial der unterschiedlichen Branchen geachtet. Mit Uhren und Schmuck hatte ich nichts am Hut. Es war thematisch so weit weg von meinen Interessen, dass ich noch nicht mal eine eigene Uhr trug (meine Erste besaß ich erst nach Verkauf meines Online Shops). Doch es war ein Markt mit viel Potenzial – und ist es heute noch. Doch rückblickend muss ich ganz klar sagen, dass es klüger gewesen wäre, sich noch stärker auf eine bestimmte Nische zu fokussieren, wie bspw. Sportuhren. Dazu an späterer Stelle mehr.

Persönliche Interessen müssen nicht immer die Basis eines Dropshipping Business sein. Aber sie können es sein. Grundsätzlich würde ich sagen, dass es von Vorteil sein kann, wenn nicht nur deine Kunden, sondern auch du selbst Interesse an deinen eigenen Produkten hast. Denn mit Leidenschaft und Hingabe lässt sich jedes Produkt besser verkaufen.

Finde deine Geschäftsidee

Als erstes musst du dir also Gedanken machen, was du überhaupt verkaufen willst, sprich, auf welcher Geschäftsidee dein Unternehmen beruhen soll. Denn mit der Wahl des Dropshippings hast du dich noch nicht für die Geschäftsidee, sondern nur für einen Vertriebskanal entschieden, über den das eigene Geschäft läuft.

Die richtige Geschäftsidee definiert, welche Arten von Produkten oder Dienstleistungen du an deine zukünftige Zielgruppe verkaufen möchtest und wie sich diese von der Konkurrenz abheben. Um die richtige Geschäftsidee zu finden, solltest du dir die folgenden Fragen stellen:

- Welche Produkte möchte ich verkaufen?
- Wie soll die Preisgestaltung aussehen?
- Welchen Markt und welche Zielgruppen möchte ich ansprechen?
- Was wird mich von der Konkurrenz unterscheiden?

Damit du diese Fragen schnellstmöglich beantworten kannst, möchte ich dir ein paar Tipps geben, die auch ich angewandt habe.

Tipp 1: Recherchiere relevante Keywords

Teste mit Tools, wie bspw. Ubersuggest, das monatliche Suchvolumen verschiedener Produkte, um herauszufinden, ob es sich um einen beliebten Artikel handelt. Oder du nutzt Google Suggest, indem du in der Suchzeile von Google ein Wort eintippst und schaust, was Google dir dazu ergänzt. Auch so lässt sich ganz leicht ablesen, wonach die Nutzer am meisten suchen. Schaue ich mir heute das Keyword „Uhren" an, zeigt mir Ubersuggest ein monatliches Suchvolumen von 201.000. „Schmuck" wird immerhin 90.500 mal gesucht. Das mag jetzt attraktiv klingen, doch bedenke folgendes: **Je mehr Suchvolumen ein Keyword besitzt, desto größer ist die Konkurrenz. Aufgrund meiner Erfahrung würde ich dir heute dazu raten, dich spitzer aufzustellen.** Biete anstatt jede Uhr, egal in welcher Ausführung und egal für welche Zielgruppe, lieber ein Nischenprodukt wie „Sportuhren" an. Diese haben nämlich ein monatliches Suchvolumen von 18.100, damit ist die Konkurrenz geringer und deine Chance, sichtbar zu sein, höher.

Tipp 2: Biete Nischenprodukte an

Wenn du Werkzeug benötigst, wo würdest du es am ehesten kaufen? Vermutlich nicht im Internet, sondern in einem Baumarkt. Daher solltest du dir ein Produkt suchen, welches man nicht so einfach im stationären Handel anbieten kann. Bspw. weil es dafür keinen allzu großen Markt gibt oder weil Verbraucher nicht sofort wissen, in welches Geschäft sie gehen müssen, um das Produkt zu finden. Solche Produkte werden häufig im Internet gesucht und gekauft. Meistens handelt es sich dabei um sogenannte Nischenprodukte. Aber achte darauf, dass ein möglichst hoher Bedarf nach dem Produkt besteht. Ansonsten generierst du damit keine hohen Einnahmen.

Bildquelle: www.oberlo.de

An dieser Stelle möchte ich dir ein Beispiel zweier österreichischer E-Commerce Entrepreneure nennen.

Andreas Koenig und Alexander Pecka entschieden sich in der Anfangszeit ihrer unternehmerischen Tätigkeit dazu, mit einem Zahnpastaspender einen kleinen Nischenmarkt zu erobern. Sie erstellten einen Online Shop und vermarkteten dort ihr Produkt. Nach sämtlichen fehlgeschlagenen Marketingstrategien und fehlendem Umsatz erkannten sie, dass diese Nische einfach zu klein war. Was machten sie also? Sie erweiterten ihre Produktauswahl. Fast 40 Produkte aus unterschiedlichen Branchen boten Andreas und Alexander über verschiedene Großhändler an, um einfach zu testen, welche Bereiche gut funktionierten. Dabei waren fast alle Bereiche vertreten: Küchenutensilien, Babyartikel, Beauty-Produkte und auch Haustierzubehör. Unabhängig davon, dass aufgrund der unterschiedlichen Großhändler auch verschiedene Margen entstanden und damit auch ein erheblich höherer Verwaltungsaufwand, wussten ihre Kunden nicht so recht, was sie im Shop der beiden Unternehmer wirklich bekamen. Es gab kein Konzept, keinen Markenkern und keine eindeutige Zielgruppe. Ein gescheitertes Projekt? Nein.

Sie wechselten die Richtung und entschieden sich wieder für eine Nische, mit Produkten, die auch in ihrem – ich sage mal „allgemeinen Shop" – am meisten verkauft wurden. Haustierzubehör. Von Halsbändern über Spielzeuge bis hin zu Hautpflegeprodukten für Hund, Katze, Maus. Sie erkannten, dass dieser Nischen-Shop viel überzeugender wirkte und damit auch eine Geschichte erzählen konnte. Als Unternehmer hinter diesem Shop erschienen sie viel glaubwürdiger, definierten ihre Zielgruppe neu und konnten diese auch gezielter ansprechen. Dies spiegelte sich letztendlich auch im Umsatz wider. Sie trennten sich von einigen Lieferanten und konnten sich viel effektiver auf ihr Kerngeschäft fokussieren. Ein geänderter, hübsch aufbereiteter und emotional gestalteter Shop wirkte sich ebenfalls positiv auf die Umsätze aus. Vor allem in den USA befand sich ein Großteil ihrer Kunden, die ihnen am Ende des ersten Monats bereits über 24.000 US-Dollar Umsatz bescherten, drei Monate später sogar fast 150.000 US-Dollar.

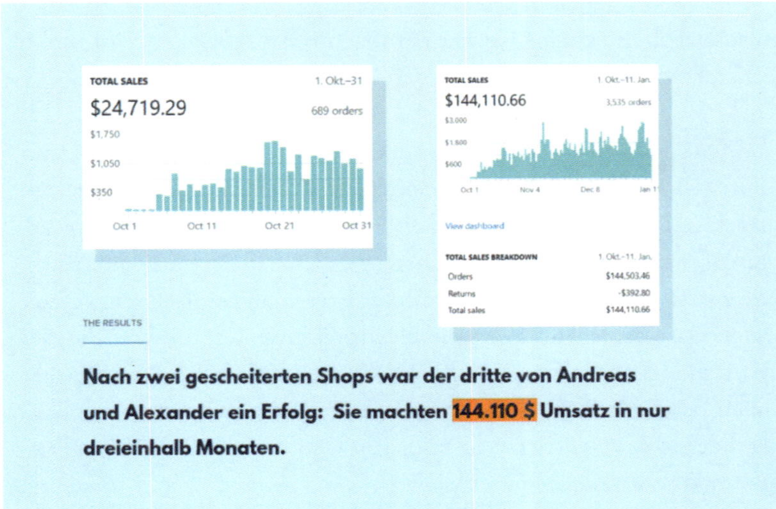

Bildquelle: www.oberlo.de

Warum ich dir das erzähle? Weil die beiden Unternehmer genau den Prozess bilderbuchmäßig durchliefen, den viele Einsteiger ins Dropshipping Business genauso durchlaufen müssen. Nämlich sich für ein Produkt oder sogar mehrere zu entscheiden, sich möglicherweise zu irren und an der Geschäftsidee weiter feilen zu müssen. Das ist normal und erfordert an der ein oder anderen Stelle einfach Durchhaltevermögen.

Tipp 3: Recherchiere Verbrauchertrends

Du kannst aber auch direkt nach Verbrauchertrends suchen. Das kannst du auf unterschiedlichen Wegen machen. Ich nutze auch gerne für die Recherche die Funktionen beliebter Social Media-Plattformen und schaue mich bspw. in bestimmten Gruppen auf Facebook oder in Foren um. Diskussionen und Fragen können dir einen wichtigen Mehrwert bei deiner Recherche nach den neuesten Produkten liefern. Dies gilt ebenfalls für Blogs, auf denen Produkte getestet werden. Der Vorteil: Hier bekommst du zusätzlich direkt eine Review darüber, ob das Produkt gut ist und für dich in Frage kommt.

Praxis-Tipp: Hier möchte ich mein exklusives Wissen mit dir teilen. Denn durch meine Arbeit als Coach, Speaker und Unternehmer komme ich regelmäßig mit Menschen ins Gespräch und unterhalte mich nicht selten über unterschiedliche Branchen und Geschäftsideen. Es gibt einige Evergreen-Branchen, die immer funktionieren und einfach sehr gefragt sind. Dazu zählen vor allem die Elektronik und Technik-Branche, der Bereich Heimwerken und Garten, Baby- und Kleinkinder-Artikel, aber auch der Bereich der sogenannten „Fast Moving Consumer Goods" (Produkte des täglichen oder häufigen Gebrauchs, wie Körperpflegeprodukte oder Lebensmittel).

Tipp 4 : Suche eine Zielgruppe mit großer Leidenschaft

Für ihre Hobbys sind viele Menschen bereit, sehr viel Geld auszugeben. Und damit meine ich wirklich viel Geld. Das gilt besonders für sehr kostspielige Hobbys, wie bspw. Tauchen, Motorrad fahren oder Reiten. Sie sind auch bereit, viel Geld für das benötigte Zubehör auszugeben. Und davon gibt es in bestimmten Branchen eine ganze Menge. Suche dir also eine Branche, im besten Fall auch hier eine Nische, die noch nicht so häufig online vertreten ist, aber viel Zubehör bietet. Deine Zielgruppe wird möglicherweise nicht allzu groß sein, aber dafür zahlungswillig und vor allem treu.

Tipp 5: Suche in deinem eigenen Alltag nach Ideen

Wie ich bereits erwähnte, kannst du auch aus deinem Hobby ein Geschäft machen. Dies ist oftmals der einfachste Weg, Produkte zu finden und oftmals auch der erfolgreichste. Denn du steckst bereits tief in der Materie drin. Ich möchte dich trotzdem bitten, mit offenen Augen durch deinen

Alltag zu gehen und grundsätzlich nach Problemen Ausschau zu halten. Wo ein Problem ist, ist auch eine Lösung nicht allzu fern. Beziehe dabei auch gerne dein Umfeld mit ein und frage Freunde und Verwandte, was ihnen in ihrem Alltag vielleicht weiterhelfen würde. Denn gerade wenn Bekannte und Freunde vor diesen Problemen stehen, ist die Wahrscheinlichkeit hoch, dass es auch anderen Menschen so geht.

Finde den passenden Lieferanten

Hast du dich nun für bestimmte Produkte entschieden, die du in deinem Online Business vertreiben möchtest, musst du im nächsten Schritt die gewählten Produkte und Lieferanten finden. Hier steht also eine Recherche an. Denn es gibt mittlerweile sehr viele Händler, die Produkte für das Dropshipping anbieten. Häufig erkennst du nicht sofort, ob die Hersteller oder Großhändler dazu bereit sind, Produkte für ein Dropshipping Business anzubieten. Im Zweifel solltest du daher mit den Großhändlern in Kontakt treten und dich über die Konditionen austauschen. Mittlerweile existieren auch zahlreiche Datenbanken, in denen Hersteller ihre Produkte zum Dropshipping anbieten. Hier hast du die freie Auswahl, dir deine Produkte nach deinen gewünschten Konditionen zusammenzustellen.

Beachte aber bitte Folgendes:

- Behalte die laufenden Kosten im Blick (Wäge Preis und Leistung sorgfältig ab)
- Schau unbedingt auf den Standort und die Lieferzeiten (Nutze Erfahrungsberichte)
- Überprüfe das Retour-Verfahren (Berücksichtige die Häufigkeit für Rücksendungen bei bestimmten Artikeln)
- Niemals Kooperation eingehen, bevor du keine Testbestellungen durchgeführt hast

Wähle eine geeignete Shop-Software

Neben den passenden Händlern ist auch eine gut funktionierende Shop-Software essentiell, damit dein Business gut funktioniert. Auch meine Uhren hätte ich niemals verkaufen können, ohne eine gut funktionierende Shop-Software. Warum? Ganz klar, der Shop ist dein Aushängeschild. Schließlich bringen dir die besten Produkte nichts, wenn sie dem Kunden nicht attraktiv dargestellt werden und anständig bestellt werden können. Genauso schlimm ist es, wenn der Kunde mit dem Shop-System nicht zurechtkommt und gar nicht erst bis zum Warenkorb kommt. Daher sollte dich die Software im Idealfall unterstützen, Arbeitsabläufe zu steuern und somit Zeit bzw. Aufwand einzusparen.

Für einen reibungslosen Verkauf und auch zur Übersicht für dich selbst solltest du am besten eine Shop-Software auswählen, mit der du einen Zugriff auf den Lagerbestand der verschiedenen Lieferanten hast. Das bietet dir den entscheidenden Vorteil, selbst zu erkennen, wie viele Produkte bei den Händlern aktuell noch verfügbar sind. Achte darauf, dass Bestellungen direkt an den Lieferanten weitergeleitet werden. Hätte ich damals jede Bestellung einzeln an meinen Großhändler weitergeleitet, hätten die Vorlesungen deutlich länger gehen müssen. **Denn die Attraktivität dieses Geschäftsmodells zeichnet sich durch das hohe Maß an Automatisierung aus.** Bekannte Shop-Softwares, die ich nur wärmstens empfehlen kann, sind zum Beispiel Shopify und Elopage. Die Plattform Shopify wird auch von großen Firmen wie RedBull, Tesla oder The Nu Company genutzt.

Du brauchst ein funktionierendes Retourenmanagement

Bei Retouren handelt es sich um den Rückversand von Waren an die Lieferanten. Dieser Bereich ist mir extrem wichtig – in dem Sinne, dass du dir bewusst machst, wie unbequem Retouren sind. Egal, was du dir diesbezüglich überlegst: Retouren kannst und wirst du nicht vermeiden können. Es wird immer Kunden geben, die sich unter dem bestellten Produkt etwas anderes vorgestellt haben und dieses deswegen zurückschicken. Ich möchte dir daher zeigen, wie sie sich größtmöglich verringern lassen.

Die Gründe, warum das Retourenmanagement zum Einsatz kommt, können ganz unterschiedlich sein. Zu den häufigsten Gründen zählen Folgende:

- Mängel am Produkt, bspw. durch Funktionsunfähigkeit oder äußere Fehler
- falsche Lieferung
- der Artikel gefällt nicht
- Kauf auf Kommission

Tipp 1: Beschreibe deine Produkte detailliert

Den ersten Tipp wirst du dir vielleicht schon aus dem vorherigen Text ableiten können. Kunden schicken Produkte oft zurück, weil diese nicht so sind, wie sie sich diese vorgestellt haben. Auch mir selbst ist es schon des öfteren passiert und dir sicherlich auch. Da bestellt man ein Produkt, es kommt geliefert, man packt es aus und muss sich vergewissern, ob man sich im Warenkorb nicht verklickt hat. Super ärgerlich und ein Grund, nie wieder in diesem Online Shop zu bestellen.

Versuche daher, deine Produkte so genau wie möglich zu beschreiben. Auch wenn das ein sehr langer Text werden kann – wenn alle Merkmale ausführlich beschrieben sind, kann dies Kunden dabei helfen, sich das Produkt besser vorzustellen. Auch durch hochwertige Produktfotos kann der Kunde einen besseren Eindruck vom Produkt bekommen.

Ein weiterer Grund für vollständige und gut formulierte Produktbeschreibungen ist die Glaubwürdigkeit. Auch hier möchte ich nochmals auf das vorherige Beispiel der zwei österreichischen Unternehmer zurückkommen.

Denn als sich die beiden für die Neuausrichtung ihres Online Shops entschieden, investierten sie viel Zeit in einen hochwertigen Internetauftritt. Dazu zählten auch ausführliche Produktbeschreibungen zu jedem Produkt sowohl auf Deutsch als auch auf Englisch. Ein bloßer Tippfehler in der englischsprachigen Version (den die beiden nur durch Zufall entdeckten) war der Grund für die Webseiten-Besucher aus den USA, ihre Daten nicht preiszugeben und auch nichts zu kaufen. Warum? Weil es nicht glaubwürdig wirkte. Weil es aussah, als hätte man den Text schnell, schlecht und ohne Überprüfung in eine fremde Sprache übersetzt. Kein Eindruck, den man bei Kunden hinterlassen möchte. Das faszinierende dabei ist, dass nach der Fehlerbehebung auch die Conversionrate anstieg. Und das deutlich.

Du siehst also, dass jeder Text, jedes Design-Element und jedes Foto in einem Online Shop eine enorme Wirkung haben kann. Nutze dieses Wissen und schenke deinem Shop bei der Erstellung die nötige Aufmerksamkeit.

Tipp 2: Biete guten Kundensupport

Was würde ich ohne mein Support-Team bloß machen? Eine gute Frage, wahrscheinlich Tag und Nacht am Schreibtisch sitzen und E-Mails von Kunden beantworten. Das ist zeitlich leider nicht machbar, aber essentiell für den Erfolg deines Dropshipping Business. Denn ein guter Kundensupport hilft deinen Kunden, die wichtigsten Fragen auch schon im Voraus zu beantworten. Zeit ist Geld, wie man so schön sagt und natürlich hast du nur begrenzt Zeit am Tag, aber ein reibungsloser Kundensupport kann sich auf Dauer rentieren, da du dir umgekehrt die Kosten für den Versand der Rücksendungen sparst. Bekommt ein Kunde alle Fragen vorher beantwortet, sind die Chancen höher, dass das Produkt nicht zurückgeschickt wird.

Tipp 3: Finde die Gründe für Retouren heraus

Wenn du weißt, warum deine Zielgruppe das Produkt zurückschickt, kannst du in Zukunft besser verhindern, dass es anderen Kunden genauso geht. Erfrage also auf dem Retourenformular, warum diese Unzufriedenheit vorliegt und das Produkt zurückkommt. Aus diesen Antworten kannst du dann neue Schlüsse ziehen und weitere Retouren verhindern. Auch ich frage meine Kunden nach Veranstaltungen, Coachings, Events und Webinaren oft nach ihrer Meinung und ihrem Feedback. Dadurch versuche ich, meine Produkte stetig weiterzuentwickeln und auf lange Sicht schlechten Bewertungen entgegenzuwirken.

Tipp 4: Erstelle Produktvideos

Neben Produktfotos können auch Videos helfen, das Produkt besser zu verstehen. Vielleicht ist die Anwendung deines Produkts nicht leicht und in einer Bedienungsanleitung auch nur schwer zu erklären. Stelle daher deinen Kunden Videos zur Verfügung, in denen das Produkt und die Funktionsweise genau erklärt werden. Das Video muss nicht wahnsinnig aufwendig umgesetzt werden – es ist in jedem Fall eine extra Hilfe, die viele sicherlich dankend annehmen werden.

So verdienst du mit Dropshipping Geld

Der Verdienst beim Dropshipping kann ganz unterschiedlich ausfallen. Und an dieser Stelle möchte ich auch ganz offen und ehrlich mit dir sein. Du wirst mit diesem Geschäftsmodell keine Milliarden verdienen, auch keine Millionen.

Autsch, hat das weh getan?

Sind wir doch mal realistisch: Wer wirklich reich werden will, investiert zusätzlich in Aktien, Wertpapiere oder beschäftigt sich mit anderen klugen Anlagestrategien. Dich unendlich reich zu machen ist auch nicht mein Ziel mit diesem Buch. Aber ich möchte dir Wege aufzeichnen, wie du ein Online Business startest und zusätzlich leicht passives Einkommen generieren kannst. Wenn du also motiviert bist und lernfähig, ja, dann kannst du mit Dropshipping sogar mehrere tausend Euro im Monat bequem dazu verdienen. So wie es auch Alexander und Andreas im dritten Anlauf geschafft haben. Dank ihren Erfahrungen und schnellen Anpassungen an ihrem Haustier-Shop konnten sie im ersten Monat sogar 24.000 US-Dollar umsetzen.

Je nachdem, welche Produkte du verkaufst und ob du dich in einer eher niedrigpreisigen Nische befindest oder eben im hochpreisigen Sektor, kann der Gewinn unterschiedlich ausfallen. Entscheidend ist dabei die Preiskalkulation. Als Shopbetreiber kannst du die Preise ganz nach belieben auswählen. Du solltest nur darauf achten, dass es die Gewinnmarge auch hergibt.

Damit du nicht nur ein paar Euro mit deinem Online Shop dazuverdienst, möchte ich dir ein paar Tipps geben, an die ich mich auch selbst halte und damit Erfolg habe.

Der Gewinn hängt von einer systematischen und genauen Kalkulation ab.

Das Logischste ist, im ersten Schritt in die Recherche zu gehen. Schau dir andere Online Shops mit Produkten an, die ähnlich zu deinen sind. Welche Preise verlangt deine Konkurrenz? Im zweiten Schritt möchte ich dir deine Familie oder Freunde als Beratung empfehlen. Wie viel wären sie bereit, für diese Produkte zu bezahlen? Denn diese werden dir (hoffentlich) offen und ehrlich ihre Meinung sagen. Meine engsten Personen sagen mir immer die Wahrheit, auch wenn das nicht immer ganz meiner Sichtweise entspricht oder manchmal sogar weh tut. Sie meinen es nur gut, deshalb nimm dir diese Meinungen zu Herzen.

Wenn du dich dann für einen Preis bzw. für einen Preissektor entschieden hast, dann kommuniziere dies auch. Wählst du einen höheren oder niedrigen Preis als deine Konkurrenz, begründe warum und verwende dies für dein Marketing. Mach daraus einen Vorteil für dich.

Meine Bewertung des Geschäftsmodells „Dropshipping"

Dropshipping	
technisches Know-how	● ● ● ● ○
wöchentlicher Zeitaufwand	● ● ● ● ○
Rendite	● ● ● ● ○
Passives Einkommen	● ● ● ○ ○
persönliche Sichtbarkeit	● ○ ○ ○ ○
Flexibilität	● ● ● ○ ○

1 = sehr niedrig, **5** = sehr hoch; Die Erklärung zu den Bewertungskriterien findest du in Kapitel 2.

Du findest die Idee spannend, einen eigenen Online Shop zu besitzen, bei dem du flexibel Produkte deiner Wahl einpflegen und ein passives Einkommen erzielen kannst? Ganz ohne eigenes Lager oder eigenen Versand? Dann ist ein Dropshipping Business genau das Richtige für dich! Klar, du musst dich natürlich mit der Technik und den Schnittstellen für deinen Shop auseinandersetzen und mit Kunden in Kontakt treten, aber dieses Geschäftsmodell lässt sich gewinnbringend skalieren.

Du möchtest mit deinem Dropshipping Business starten und brauchst noch den entscheidenden Motivationskick? Oder bist auf der Suche nach der richtigen Branche für dich? Dann möchte ich in meinem kostenlosen Webinar „Das Low-Risk-Streckengeschäft" meine Erfolgsgeheimnisse mit dir teilen. Ich verrate dir Folgendes:

- Drei Strategien, wie du in unter zehn Minuten eine lukrative Branche für deinen Dropshipping Shop findest.
- Vier Regeln, wie du einen zuverlässigen und schnellen Lieferanten findest und dadurch die Fehler der anderen vermeidest.
- Wie du schnell und einfach deinen eigenen Online Shop erstellst.
- Vier Hacks: Leite kostenlos die Kunden deiner Wettbewerber in dein Dropshipping Business um, damit sie nur noch bei dir kaufen.

Unter diesem Link solltest du dich jetzt kostenfrei für mein Webinar anmelden:
► www.gruender.de/shipping

7. Print on Demand

Fototassen mit dem Haustier, ein Kalender mit Bildern vom letzten Urlaub, die individuelle Grillschürze für „Heikos Barbecue", eine neue Handyschutzhülle mit dem Familienbild, das auffällige T-Shirt mit eigenem Design für das nächste Teamevent – hast du so ein Produkt auch schon mal verschenkt oder erhalten?

Ich bin mal mutig. Denn ich behaupte, dass die meisten Menschen – und vielleicht zählst du ja auch dazu – noch nie etwas von Print on Demand gehört haben. Und ich lehne mich noch weiter aus dem Fenster, indem ich behaupte, dass es eine sehr faszinierende Möglichkeit ist, schnell und ohne großes finanzielles Risiko gutes Geld zu machen.

Ganz schön waghalsige Aussagen? Naja, nicht mit diesem Geschäftsmodell. **Denn dieses Geschäftskonzept lässt sich nicht nur mit wenig Startkapital umsetzen, du sparst auch gleichzeitig jede Menge Zeit.** Zudem ist das Wachstumspotenzial des Online-Handels enorm.

Und genau deshalb möchte ich es in diesem Buch eingehend vorstellen. Print on Demand ist ein spezifisches Dropshipping-Business, dass du aus Kapitel 6 dieses Buches kennst. Wenn du Kapitel 6 noch nicht gelesen hast, empfehle ich dir, dieses zuerst anzuschauen. Dann dürftest du Print on Demand viel schneller einordnen können. Welche Besonderheiten mit diesem Geschäftsmodell einhergehen, soll jetzt Thema dieses Kapitels werden.

Was ist Print on Demand?

Lass mich dir ein konkretes Beispiel nennen und von Katja Perez erzählen. Katja ist eine deutsch-amerikanische Illustratorin und Grafikdesignerin. In diesem Bereich arbeitet sie auch hauptberuflich, aber ihre Leidenschaft für kreative, spirituelle und fantasievolle Zeichnungen konnte sie nur abends auf dem heimischen Sofa ausleben. Eine Zeit lang war sie viel auf Instagram unterwegs und entdeckte einige Communities rund um das Thema digitales Zeichnen. Inspiriert bis in die Haarspitzen kaufte sie sich ein Tablet und startete mit ihren ersten digitalen Zeichnungen. Diese veröffentlichte sie auf Instagram und bekam viel Lob und Aufmerksamkeit. Ihre Follower schrieben sie privat an und erkundigten sich, ob man ihre Zeichnungen auch kaufen könne. Eine Chance Geld zu verdienen, zeigte sich für Katja Perez somit ganz deutlich. Und damit auch die Chance, ein eigenes Print on Demand-Business zu starten.

Heute hat Katja ein erfolgreiches Online Business namens MoonStoriesCo., weit über 100.000 Follower auf Instagram, immer noch ihren Job als Grafikdesignerin und kümmert sich um ihre zwei Kinder. Ihr Sortiment an Produkten beschränkt sich nicht nur auf Zeichnungen. Auch bedruckte T-Shirts, Tops, Kalender und Taschen kann Katja anbieten. Zu schön, um wahr zu sein? Eben nicht! Und ich möchte dir nun erklären, wie auch du zu diesem Erfolg kommst.

Bildquelle: www.instagram.com/katja.perez

Print on Demand (POD) lässt sich mit „Druck auf Abruf" übersetzen und erfordert eine Zusammenarbeit mit externen Lieferanten. Das Ziel ist es, sogenannte White-Label-Produkte, wie Tragetaschen oder T-Shirts, durch eigene Designs individuell zu gestalten und sie dann unter deiner eigenen Marke zu verkaufen. Aber auch Bücher lassen sich über die Services produzieren. Das Raffinierte: Du musst weder die Produkte lagern (typisch für alle Dropshipping-Business-Modelle) noch selbst bedrucken. Denn nach der Bestellung und Zahlung des Kunden wird das gewünschte Produkt von deinem externen Partner bedruckt und versendet. Das bedeutet, dass auch du für das Produkt erst bezahlst, nachdem du es verkauft hast.

Somit lässt sich ganz einfach Geld verdienen und eine Menge Zeit einsparen.

So baust du dir ein Print on Demand-Business auf

Alles, was du brauchst, ist eine Webseite, ein Shopsystem und einen Druckanbieter. Und weil es so einfach und genial ist, hat sich Print on Demand in den letzten Jahren zu einem beliebten Geschäftsmodell im Online Business entwickelt. Was ist für den Erfolg deines Print on Demand-Business also entscheidend?

Ein hochwertiger und seriöser Anbieter, der dir sämtliche Arbeitsprozesse abnimmt. Gehen wir an dieser Stelle wieder zurück zu Katja Perez. Wie konnte die berufstätige zweifach Mama so ganz nebenbei ein erfolgreiches POD-Business aufbauen? Ganz einfach: Mithilfe eines professionellen und qualitativ hochwertigen Anbieter für POD-Services. Denn obwohl das Zeichnen Katjas Leidenschaft ist, war ihr von Anfang an bewusst, dass sie diese Zeichnungen nur verkaufen kann und will, wenn es eine möglichst einfache Lösung gibt. Wichtige Faktoren waren für sie eine automatische Auftragsabwicklung, ein Kundenservice (falls Lieferungen mal nicht so reibungslos verlaufen wie gewünscht) und vor allem ein hochwertiger Druck. Ihre Print-Produkte bietet sie auf etsy.com an, einer Plattform für den Kauf und Verkauf von handgemachten Produkten. Als Print on Demand-Anbieter hat sie Printful gewählt – denn dieser bietet eine direkte und praktische Schnittstelle zu etsy an. So muss sich Katja um nichts weiter als ihre Designs und ihre Community kümmern.

Und auf solche Faktoren solltest auch du bei einem POD-Business achten. Es gibt zwar viele Anbieter, die für eine umfassende Leistung einen fairen Preis anbieten. Doch zugegeben, die Entscheidung ist nicht immer einfach. Denn auf den ersten Blick unterscheiden sich viele Services nur in wenigen Punkten. Deshalb solltest du die Angebote miteinander vergleichen und zunächst deine gewünschten Produkte, die Versandbedingungen, Schnittstellen sowie die Verkaufspreise ganz genau analysieren.

Um dir bei der Auswahl etwas zu helfen, will ich dir ein paar gute Anbieter vorstellen, die sich in den letzten Jahren erfolgreich am Markt etablieren konnten:

- **Printful**
  Dieser Online Shop bietet neben Kleidung auch Tassen, Kissen, gerahmte Poster, Strandtücher, Schürzen und mehr an.

- **Lulu Express**
  Dieser Shop hat sich auf Bücher und E-Books spezialisiert.

- **Amazon**
  Auch der Versandriese Amazon bietet Print on Demand an, allerdings nur für Bücher und weitere Schriftstücke.

- **Gooten**
  Bei diesem Service lassen sich Standard-Artikel produzieren, aber auch ungewöhnliche Artikel, wie zum Beispiel individualisierte Hundebetten.

- **Printify**
  Dieser POD-Service wirbt mit seinem internationalen Liefernetzwerk und bietet ebenfalls besondere Produkte an, wie bspw. Schmuck, Uhren, Schuhe und Wasserflaschen.

Praxis-Tipp: Bedenke, dass dieses Geschäftsmodell nur funktioniert, wenn du dein Business ganzheitlich betrachtest. Es gibt Anbieter, die zum Beispiel ein Produkt günstig anbieten, dann jedoch mehr als 14 Tage für den Versand einplanen. Ein K.O.-Kriterium für jeden Kunden, der bei dir kaufen würde.

Bestimmt denkst du dir an dieser Stelle: Das ist ja alles schön und gut, aber eine talentierte Zeichnerin wie Katja Perez bin ich nicht. Kann ich trotzdem ein POD-Business auf die Beine stellen? Ja! Zeichnen kann ich nämlich auch nicht, aber das hat mich nicht davon abgehalten, selbst POD-Produkte zu testen und zu bestellen. Hier siehst du eine kleine Auswahl an Produkten, die mein Team und ich „ganz schnell und einfach" über einen Anbieter haben drucken lassen.

Mir ist wichtig, dass du verstehst, dass jeder – absolut jeder – ein POD-Business aufbauen kann. Egal, ob du Grafikdesigner bist oder nicht. Zum einen gibt es zahlreiche Designvorlagen der POD-Anbieter, die du nutzen kannst. Zum anderen hast du auch die Möglichkeit, Designer als Freelancer zu beauftragen. Diese können dir dann passende und individuelle Designs anfertigen, die du dann auf Produkte deiner Wahl drucken lassen kannst.

So findest du passende Produkte für dein Print on Demand-Business

Wenn du mit einem POD-Business starten möchtest, gibt es prinzipiell zwei Möglichkeiten.

Du kannst eine eigene Marke kreieren und diese durch einen POD-Shop erweitern. Dazu möchte ich dir kurz „ParentsProfs" als Beispiel vorstellen. ParentsProfs war eigentlich ein französisches Satiremagazin, das von zwei

Lehrern, die auch Eltern sind, betrieben wurde. Inspiriert von ihren eigenen Erfahrungen entwarfen sie Cartoons und Memes, die Eltern ins Visier nahmen, die gleichzeitig Lehrer sind. Ganz nach dem Motto: Wer Schüler unterrichtet und auch eigene Kinder hat, der braucht Humor. Die Beiträge, die nicht nur auf der eigenen Webseite, sondern auch in den sozialen Medien geteilt wurden, begeisterten durch den bittersüßen, schwarzen Humor und trafen den Nerv der Zielgruppe. Die Reichweite stieg und damit auch die Nachfrage nach Merchandise-Produkten. Aus dieser Marke entwickelte sich also ein POD-Shop.

Wer nun denkt, vielleicht klappt das auch nur im Ausland, der irrt sich. Ziemlich ähnlich verlief der Fall bei der Visual Statements GmbH und ihrer Marke „wordporn". Die Facebook-Seite, rund um witzige Sprüche und Memes über alltägliche Probleme und Situationen, wurde 2011 von Benedikt Böckenförde gegründet und fand so viel Anklang, dass die Seite mittlerweile mehr als eine halbe Million Follower hat. Visual Statements betreibt nun als knapp 40-köpfiges Unternehmen mehrere Facebook- und Instagram-Seiten, kann insgesamt weit über sechs Millionen Follower vorweisen und erreicht mit seinem Netzwerk mehr als 30 Millionen Menschen. Aber hauptsächlich ist Gründer Benedikt eins gelungen: einen wahnsinnig erfolgreichen Online Shop mit zahlreichen Merch-Produkten zu etablieren. (Wenn du dir das mal ansehen möchtest:
► **https://shop.visualstatements.net/wrdprn/**)

Wie es Gründer Benedikt gelungen ist, eine so große Zielgruppe anzusprechen und emotional zu erreichen? Eigentlich ganz einfach und doch ungemein genial: Indem er mehrere Marken mit eigenen Facebook- und Instagram-Seiten gründete, um damit auch unterschiedliche Zielgruppen zu erreichen. Seine kaufbereite Kernzielgruppe liegt zwischen 18 und 36 Jahren – Frauen und Männer fast gleichermaßen vertreten.

Bildquelle: www.shop.visualstatements.net

Obwohl sich das eigentliche Geschäftsmodell zu Beginn auf lustige Designs und Sprüche auf Produkten beschränkte, generiert das Unternehmen aus Freiburg heute ein Einkommen aus zwei unterschiedlichen Quellen. 50 Prozent des Umsatzes kommen aus POD-Produkten. Das heißt: E-Commerce, aber eben auch stationärer Handel. Die anderen 50 Prozent kommen aus dem Kreieren von native Advertising Kampagnen für andere Unternehmen. So kommt Visual Statements mittlerweile auf einen Millionenumsatz und wächst weiterhin.

Doch lass uns nochmal zurück an den Anfang gehen. **Die passenden Produkte für deinen eigenen POD-Shop zu finden bedeutet nicht, dass du unbedingt eine Marke brauchst.** Denn die andere Möglichkeit, die mindestens genauso gut funktionieren kann, ist, nach Trends und Nischen Ausschau zu halten. Mit Tools wie Sistrix oder Ubersuggest kannst du schnell Keywords auf ihr Suchvolumen hin analysieren oder auch allgemeine Trendthemen herausfiltern (Beispiele dazu findest du in Kapitel 6). Saisonal bedingt kannst du auch Google Trends nutzen, um herauszufinden, wie über das Jahr hinweg nach einem Produkt gesucht wird. Damit kannst du zum Beispiel herausfinden, ab wann du am besten mit den Weihnachts-Merchandise-Produkten starten solltest oder ob Osterhasen oder Weihnachtsmänner beliebter sind.

Hast du dann relevante Trends herausgefunden, die du für dich nutzen kannst, brauchst du nur noch passende Designs zu erstellen – oder erstellen lassen – um diese dann auf passenden Produkten in deinem Online Shop anzubieten. Doch Vorsicht: Auch wenn hunderte Print on Demand-Produkte von verschiedenen Anbietern auf dem Markt existieren und sich rein technisch in deinem Online Shop verkaufen lassen, bieten sich nicht alle Artikel optimal an. Ich möchte dir ein paar Erfolgskriterien nennen, die POD-Produkte beinhalten sollten.

1. Biete erst einmal nur schnelle Produkte an

Egal welche Print on Demand-Produkte du anbietest, im Mittelpunkt stehen die Qualität und der Mehrwert für deine Kunden. Einer der wohl am meisten unterschätzten Mehrwerte ist dabei das Thema Zeitersparnis. Deshalb ist es wichtig, die Bestellvorgänge gut zu erklären und Produkte auszuwählen, die sich schnell beauftragen lassen. Von der Auswahl des Produkts bis zum Warenkorb sollten im Idealfall nur wenige Minuten vergehen. Daher sind Artikel unpraktisch, die besondere Materialien benötigen und die Lieferzeit dadurch auf mehrere Wochen verlängern.

2. Gewährleiste niedrige Kosten

Natürlich gibt es zahlreiche Copyshops in jedermanns Nachbarschaft, die zum Teil auch Produkte bedrucken können. Doch diese verlangen oftmals höhere Preise, vor allem weil deren White-Label-Produkte sehr viel teurer sind. Das heißt, die T-Shirts oder Tassen ohne Druck liegen preislich schon weit über den Print on Demand-Produkten. Daher ist es entscheidend, dass du Produkte auswählst, die auf den ersten Blick günstig erscheinen. Gleiches gilt auch für deine eigenen Kosten. Denn ein T-Shirt lässt sich bspw. günstiger bedrucken als ein Sportrucksack oder eine Handtasche.

3. Deine Produkte müssen Emotionen auslösen

Emotionale Produkte sind gefragter und beliebter als andere. Warum? Weil sie für einen instinktiven Kaufimpuls sorgen. Dabei kann es sich zum Beispiel um einen witzigen Spruch oder eine Weisheit auf einem T-Shirt handeln, wie die erfolgreichen Beispiele von ParentsProfs und Visual Statements zeigen. Aber auch Haustierprodukte eignen sich gut für die Umsetzung, da die Bindung zwischen Menschen und ihren Haustieren besonders stark ist. Von bedruckten Socken über Handyhüllen bis zu Spielzeugen für das geliebte Haustier gibt es zahlreiche Möglichkeiten, um mit deinem Artikel Emotionen zu erwecken.

4. Du solltest einfache Produkte anbieten

Da sich im Online Shop die POD-Produkte nicht anfassen oder testen lassen, müssen sie besonders leicht zu erklären sein. Ein Foto sollte dabei ausreichen, um den Artikel und die Druckoptionen zu erläutern. Wenn schon bei der Auswahl im Online Shop massig Fragen zum Druck und der Handhabung entstehen, ist das Produkt nicht geeignet. Außerdem sollten sich deine Artikel im Shop auch gut und einfach verschicken lassen. Deshalb bietet es sich für den Start zum Beispiel nicht an, einen riesigen Sitzsack zu bedrucken, sondern eher auf kompakte Produkte zurückzugreifen.

5. Bediene eine lukrative Zielgruppe

Wenn du möglichst viele POD-Produkte verkaufen möchtest, solltest du dir viele Gedanken zur Zielgruppe machen. Wie nutzen sie das Produkt? Was ist der Zielgruppe besonders wichtig?

Lass uns an dieser Stelle wieder zurück zu Katja Perez gehen. Denn auch Katja weiß, dass alles von der richtigen Zielgruppe abhängt. Zu Beginn ihres Business konnte sie beobachten, dass sich Zeichnungen mit dem Motiv des Mondes besser verkauften (daher auch der Name ihres Stores). Und sie weiß deshalb so genau, was gut ankommt, weil sie alle Motive zuvor auf Instagram vermarktet. Die Anzahl der Likes und Kommentare zeigen ihr dann, welche Produkte im Shop gut funktionieren werden. Durch die persönlichen Nachrichten und die Profile ihrer Follower kennt sie auch zugleich ihre Kunden: Über 90 Prozent sind Frauen, die sich für Themen wie Hexerei, Astrologie und alternative Heilpraktiken interessieren.

Für Katja Perez eine perfekte, kleine Nische, in der sie die Zielgruppe genau kennt und daher bereits neue Produkte zielgerichtet auf diese Kunden entwerfen kann.

Bildquelle: www.etsy.com

Kenne daher deine Zielgruppe so gut, sodass du einschätzen kannst, ob sie in der Lage ist, das Produkt auch zu bezahlen. Möchtest du nebenbei nur ein paar hundert Euro verdienen, reicht es, sich in einer kleinen Nische zu platzieren. So wie Katja, die sich neben ihrem Beruf ein zweites, lukratives Standbein aufgebaut hat. Wenn du aber mit deinem Online Business höhere Einnahmen generieren möchtest wie Benedikt und seine Visual Statement GmbH, sollten die Zielgruppe und der Markt auch dementsprechend groß genug sein.

So machst du auf deinen Online Shop aufmerksam

Auch bei diesem Geschäftsmodell ist der Traffic auf deiner Webseite bzw. deinem Online Shop entscheidend. Hast du keine interessierten, potenziellen Käufer auf deiner Seite, hast du auch keine Kunden – und der heiß ersehnte Umsatz bleibt aus.

Daher geht es nun darum, erfolgreiches Online Marketing zu betreiben. Auch hier möchte ich dir wieder einige Tipps mit an die Hand geben – um genau zu sein sieben Stück. Diese Tipps lassen sich relativ leicht umsetzen und sorgen trotzdem dafür, dass dein Online Business florieren kann.

Tipp 1: Optimiere deinen Online Shop

Im Normalfall gibt es immer einige Faktoren beim Online Shop, die sich verbessern lassen. Dazu gehören zum Beispiel Produktfotos. Diese sollten ganz eindeutig und in überzeugender Bildqualität deine Produkte darstellen. Auch die Produktbeschreibungen sind wichtig, damit deine Kunden sofort verstehen, wie und wo genau sie die Produkte verwenden können. Verkaufst du also Produkte mit Sprüchen wie Visual Statements, dann sollte das Produktfoto bspw. ein T-Shirt mit dem entsprechenden Spruch zeigen. In der Produktbeschreibung erklärst du dann ausführlich, aus welchem Material das T-Shirt besteht und welche Größen du anbietest.

Tipp 2: Baue Vertrauen auf

Wenn du deine Kunden von deinem POD-Shop überzeugen möchtest, musst du ihr Vertrauen gewinnen und mit positiven Eigenschaften überzeugen können. Was meine ich damit?

Praxis-Tipp: Vergleiche einen Online-Einkauf mit einem Einkauf in einem lokalen Geschäft in deiner Nähe. Wenn du dieses Geschäft betrittst, hörst du auf dein inneres Gefühl und erwartest bestimmte Kriterien. Wie zum Beispiel guten Service, ein ansprechendes Ladendesign und glaubwürdige Produkte. Exakt diese Kriterien gelten auch beim Online Shopping, weshalb du alles aus Kundensicht betrachten solltest. Versuche dabei möglichst viele Kriterien zu erfüllen, um das Vertrauen zu erhöhen.

Tipp 3: Setze auf Gütesiegel

Kennst du diese Gütesiegel, die auf vielen Webseiten irgendwo an der Seite auftauchen? Nein? Dann bist du dir grundsätzlich der Seriosität der Online Händler sicher und wahrscheinlich auch kein ängstlicher Käufer. Wenn du diese Gütesiegel kennst, hast du sicherlich auch schon mal an der Glaubwürdigkeit einiger Webseiten gezweifelt. So oder so empfehle ich dir, dich mit dieser Thematik auseinanderzusetzen.

Ein Gütesiegel in deinem Online Shop kann das Vertrauen deiner Kunden maßgeblich erhöhen und gleichzeitig auch ein offizielles Zeichen für Seriosität darstellen. Die Deutschen lieben Gütesiegel und lassen sich dadurch von einem Produkt viel leichter überzeugen. Glaub es mir, es ist wirklich so.

Auch der Online Shop von Visual Statements hat ein entsprechendes Gütesiegel von Trustami, einem Portal, das wie alle anderen Portale Bewertungen und Erfahrungen von Kunden sammelt. Doch bedenke: Es existiert nicht ein einziges Gütesiegel für alle Online Shops, sie unterscheiden sich je nach Branche und Produkteigenschaften. Deshalb ist es sinnvoll, dass du dich individuell für deine Produkte umschaust und die verschiedenen Netzwerke kontaktierst. Dort erfährst du dann auch, welche Kriterien du erfüllen musst, damit du das Gütesiegel für dein Business verwenden darfst.

Tipp 4: Sorge für Kundenbewertungen

Wer ein Produkt kauft, möchte vorher sicherlich wissen, welche Erfahrungen andere Kunden damit gemacht haben. Das ist keine bloße Vermutung. Ich mache es genauso. Egal, für welches Produkt ich mich interessiere: Zuerst werden die Kundenbewertungen gecheckt. Und genau deshalb kannst du deine Umsätze erheblich steigern, wenn du für positive Kundenbewertungen in deinem Online Shop sorgst.

Keine Angst, auch negative Kundenbewertungen sind per se nicht schlecht für dein Geschäft, denn so bekommst du die Möglichkeit, mit deinen Kunden zu interagieren und ihnen Lösungsvorschläge zu bieten. Generell solltest du immer verschiedene Portale für Kundenbewertungen im Blick haben, wie zum Beispiel die Plattform Trusted Shops. Dort können Kunden nicht nur sehr schnell und unkompliziert eine Bewertung für dein Online Business abgeben – diese Portale sind insgesamt sehr beliebt und ermöglichen dir darüber hinaus einen wichtigen Vertrauensvorschuss.

Tipp 5: Nutze Social Media-Kanäle

Ich weiß, ich weiß. Social Media scheint für alles immer die Lösung zu sein oder vielmehr ein unverzichtbarer, wichtiger Erfolgsfaktor. Warum du für deinen Online Shop einen Social Media-Account benötigst? Zum einen zeigt das Beispiel von Katja Perez ziemlich gut, dass sich aus einem aktiven Social Media-Profil schnell eine Geschäftsidee entwickeln kann. Zum anderen bieten soziale Netzwerke eine Vermarktungsplattform und die Möglichkeit, frühzeitig Trends und Nischen zu erkennen.

Über Social Media kannst du zudem deine Kunden besonders kostengünstig erreichen. Das klappt bspw. mit einem Instagram-Account und aussagekräftigen Fotos, aber auch über ein gut gepflegtes Facebook-Profil. Auch ich selbst stehe so regelmäßig mit meiner Community in Kontakt und tausche mich mit meinen Followern aus. Dadurch werde ich regelmäßig auf neue Trends aufmerksam und bin nah an meinen Kunden dran. So kann ich viel besser ihre Wünsche und Bedürfnisse einschätzen. Und ich kann in Posts und Stories direkt auf Themen eingehen, für die sich meine Kunden interessieren. Das ist wichtig für ein erfolgreiches Online Business!

Auch Marketingmaßnahmen kannst du hier sehr gut umsetzen. Zum Beispiel bezahlte Ads schalten, Gewinnspiele veranstalten oder Mitmach-Aktionen für mehr Aufmerksamkeit realisieren.

Tipp 6: Verteile kleine Geschenke

Wenn du bei deinen Kunden einen positiven Gesamteindruck hinterlassen möchtest, bieten sich kleine Geschenke an. Mal ehrlich, wer will denn nicht beschenkt werden? Verschenken kannst du zum Beispiel Gutscheincodes für die nächste Bestellung, aber auch Kugelschreiber oder andere Werbematerialien. Alternativ kannst du auch zu Ostern oder Weihnachten kleine Aufmerksamkeiten verteilen, die deine Kunden immer wieder an deinen Online Shop erinnern. So bekommen sie Lust auf eine neue Bestellung und die Chance für eine Weiterempfehlung an Freunde oder Verwandte könnte steigen. Je besser die Verbindung zu deinen Kunden ist, desto höher ist auch ihre Kaufbereitschaft.

Tipp 7: Unterschätze nie den SEO-Faktor

Mein letzter Tipp zur Aufmerksamkeitssteigerung deines Online Shops ist wirklich wichtig und effektiv. Damit du deine Produkte verkaufen kannst, muss dein Online Shop auch online zu finden sein. Logisch? Naja, für viele nicht, da sie die Macht von Suchmaschinenoptimierung (SEO) total unterschätzen.

Es lohnt sich wirklich, besonders viel Zeit und Energie in die SEO-Maßnahmen zu investieren. **Alles, was du brauchst, um bei Google ganz vorne sichtbar zu werden, sind starke Keywords.** Wenn du wie die Gründer von Dad's Life (solltest du die Gründer noch nicht kennen, springe gerne zu Kapitel 3) einen Online Shop für Artikel rund um Babys, Kinder und Familie aufbauen möchtest, sollte spezifische Keywords wie Babybodies oder Kinderspielzeug überall im Online Shop präsent sein. In Überschriften, Produktbeschreibungen und sonstigen Texten. Setze dafür verschiedene SEO-Tools, wie Sistrix oder Google Keyword Planner, ein. Auch eine Konkurrenzanalyse kann hier helfen.

Eine weitere Strategie ist der Backlink-Aufbau. Denn sollte eine Tagesmutter auf ihrem Blog oder Webseite dein Spielzeug empfehlen und auf deinen Online Shop verlinken, erhöht dieser Backlink das Vertrauen für deine Webseite, wodurch sich wiederum das Ranking bei Google verbessern kann. Es funktioniert, ich spreche da aus Erfahrung.

So verdienst du mit Print on Demand Geld

Auch hier möchte dich dir keine Illusionen machen. Obwohl das Print on Demand-Prinzip ein vielfach bewährtes Geschäftsmodell mit enormen Wachstumserwartungen am Markt ist, wird es schwierig, hier seine Millionen Euro Umsatz zu machen.

Aber mittlerweile solltest du bereits gemerkt haben, dass es in diesem Buch vielmehr darum geht, Chancen aufzuzeigen. Und eine Chance, ein wirklich profitables Nebeneinkommen zu generieren, bietet dir Print on Demand. Denn aufgrund der Auslagerung der zeitintensiven und komplexen Aufgaben auf externe Druckanbieter hast du bei der Preisgestaltung mehr Freiheiten. Gewinnmargen in Höhe von über 80 Prozent sind hier möglich. Klingt doch ziemlich optimal für ein Online-Business, oder?

Inspiriert und begeistert hat mich die Geschichte einer kleinen Szene-Bar aus Bayern. Daher möchte ich sie an dieser Stelle mit dir teilen. Warum genau jetzt? Weil dieses Beispiel wunderbar zeigt, dass der Aufbau eines Online Business (manchmal aus der Not heraus) einfach nur den Zweck erfüllen kann, ein lukratives, zweites Standbein zu sein.

Besonders schwer getroffen hat die Corona-Krise die Gastronomie. Restaurants, Bars und Kneipen mussten für eine lange Zeit ihren Betrieb einstellen. Doch die kleine, gemütliche Wohnzimmer Bar (WZB) aus Traunstein am Chiemsee hat sich das zum Anlass genommen, nun Aufgaben anzugehen, die sonst liegen gelassen wurden. Eine dieser Aufgaben war die Erstellung von Crew T-Shirts. Das Motiv für die Team-Shirts war schnell klar: Die Classic-Drinks, die sonst immer über den Tresen der Bar wanderten, sollten nun ihren Weg auf T-Shirts und Hoodies finden. „Designed by Barkeepers”. Wenn schon keine Drinks an der Bar, dann wenigstens auf der Kleidung.

Gesagt, getan, entstanden die ersten Designs und Testprodukte mithilfe eines POD-Anbieters. Doch nicht nur (wie anfangs gedacht) für die Mitarbeiter, sondern auch für die Stammgäste. Unter dem Hashtag #supportyourlocalbar sollten die Produkte verkauft werden – erst einmal über den Instagram-Account der Bar.

Doch nach den ersten verkauften Produkten bemerkten die Betreiber der Bar, dass da noch mehr zu holen ist. Über eigene Fashion-Profile auf Facebook und Instagram wurden die Produkte mittels bezahlter Werbung vertrieben. Ganz automatisch entstand dann das eigene Label „WZB – Fashion Drinks” und ein florierender Online Shop mit verschiedenen Produkten und unterschiedlichen Designs – inklusive Service und Kundensupport. Und vor allem endstand eins: ein neuer Absatzkanal, der trotz der Schließung des Lokals Umsatz generierte.

Bildquelle: www.instagram.com/wzbshop

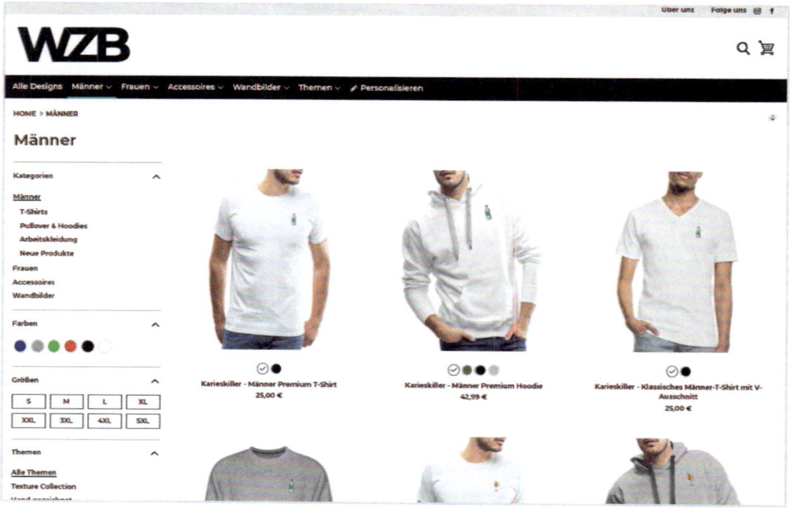

Bildquelle: www.wzb-shop.com

Schon nach dem ersten Monat konnte die Wohnzimmer Bar Produkte in alle Bundesländer verkaufen. Auch Bestellungen aus Österreich und der Schweiz gingen ein. Es dauerte nicht lange, bis auch in weitere Nachbarländer, wie die Niederlande, Luxemburg und Belgien, Produkte verschickt wurden. Durch die unerwartet hohe Nachfrage versucht die Crew der Wohnzimmer Bar, jede Woche zwei bis drei neue Designs zu entwerfen und direkt im Online Shop anzubieten. Der Shop überlebte nicht nur den Lockdown. Er ist auch heute noch sehr erfolgreich, bietet über 100 verschiedene Designs an und garantiert dem Bar-Team ein zusätzliches Einkommen.

Du siehst also, dass ein Online Business, wie bspw. ein POD-Shop, hervorragend nebenher laufen kann, um passives Einkommen zu generieren. Außerdem möchte ich dir mit diesem Beispiel verdeutlichen, dass du kein geborener Online Unternehmer sein musst, um dein eigenes Online Business zu starten. Du kannst dir das Know-how auch einfach aneignen, wenn du startest. Auch der Wunsch nach Selbstständigkeit muss nicht schon immer da gewesen sein. Manchmal entsteht die Idee einfach aus einer Situation heraus.

Aber wie genau verdienst du nun Geld mit einem Print on Demand-Business? Im Grunde gibt es hier mehrere Möglichkeiten, wie Erlösmodelle genau aussehen können. Drei Modelle möchte ich dir nun vorstellen.

Das Marktplatz-Modell

Das einfachste ist die Zusammenarbeit mit externen Anbietern. Beim Marktplatz-Modell bietest du deine Produkte über Anbieter wie Amazon oder Spreadshirt an, präsentierst sie und verkaufst sie auch dort. Das hat den entscheidenden Vorteil, dass du die aufwendige Erstellung eines eigenen Online Shops umgehst – und auch Risiken oder Probleme hinsichtlich der logistischen Abwicklung und mögliche Retouren. Geld verdienst du dann an Provisionen, wenn Kunden deine Produkte über die externe Plattform kaufen. Zwar ist dein Verdienst „nur" eine Provision, aber dafür hast du bei der Marktplatz-Variante keinen großen Aufwand.

Das Kampagnen-Modell

Das Kampagnen-Modell unterscheidet sich im Gegensatz zum Marktplatzmodell in seiner zeitlichen Begrenzung. Denn hier bietest du deine Produkte für einen gewissen Zeitraum über externe Shops an, versuchst, in dieser Zeit so viele Kunden wie möglich auf den Online Shop zu locken und erhältst dafür dann ebenfalls eine Provision. Produktion und Versand wird dir abgenommen, dein Fokus liegt hier vielmehr auf der Vermarktung. Meist werden bei diesem Erlösmodell Anzeigen auf Facebook und Instagram geschaltet, um die User direkt auf den Shop zu leiten.

Das Online Shop-Modell

Nun kommen wir zur Königsdisziplin: der eigens gestaltete Online Shop. Durchaus aufwendiger, aber geeignet für alle, die technikaffin sind und ihre eigenen Vorstellungen umsetzen wollen. Hier integrierst du ein Shopsystem deiner Wahl, wie bspw. Shopify, an eine POD-Plattform, wie zum Beispiel Printful. Es gibt auch Plattformen, die Shop- und POD-Anbieter in einem sind, bspw. Spreadshirt. Bestellt ein Kunde ein Produkt, wird diese Bestellung zwar direkt an die Dienstleister weitergeleitet und auch von diesen versandt, aber dieses Erlösmodell setzt voraus, dass du mit der Gestaltung von Webseiten vertraut bist und auch an datenschutzrelevante Aspekte denkst. Besitzt du einen eigenen Shop mit einer eigenen URL, wirkt dein Online Business natürlich etwas seriöser. Deiner Gestaltungsfreiheit sind keine Grenzen gesetzt, doch Vorsicht: Je nach Anbieter musst du eventuell die Retouren-Abwicklung übernehmen.

Meine Bewertung des Geschäftsmodells „Print on Demand"

Print on Demand	
technisches Know-how	● ● ● ● ○
wöchentlicher Zeitaufwand	● ● ● ● ○
Rendite	● ● ● ● ○
Passives Einkommen	● ● ● ○ ○
persönliche Sichtbarkeit	● ○ ○ ○ ○
Flexibilität	● ● ● ○ ○

1 = sehr niedrig, **5** = sehr hoch; Die Erklärung zu den Bewertungskriterien findest du in Kapitel 2.

Wer sich intensiv in sein Online Business vertiefen, einen eigenen Shop mit Produkten pflegen und auch in regem Austausch mit Kunden stehen möchte, findet in Print on Demand das passende Geschäftsmodell. Zwar brauchst du ein technisches Grundverständnis für die Umsetzung, aber dafür kannst du hier deine kreativen Design-Ideen ausleben und die Rendite ist vielversprechend. Dank des Kapitels hast du nun alle wichtigen und grundlegenden Informationen zusammen, um jetzt richtig loszulegen.

Dir klingt das alles nach viel zu viel Aufwand, aber du bist überzeugt, dass Print on Demand das Richtige für dich ist und du mit deiner Geschäftsidee erfolgreich sein kannst? Verständlich! Dann lass mich dir helfen. In meinem kostenlosen Webinar „Erfolgreich mit Print on Demand: Die System-Anleitung" möchte ich dich unterstützen und dir zeigen, wie dein Online Business auch deutlich einfacher und schneller umsetzbar ist. Im Webinar erfährst du diese zwei genialen Geheimnisse:

- Wie du jetzt vom enormen Umsatzwachstum der Branche profitierst und deine Gewinnmargen auf ein fantastisches Niveau hebst.
- Wie du in weniger als fünf Minuten die aktuell profitabelsten Trends und Nischen identifizierst und dein Angebot innerhalb eines Tages daran anpasst, ohne dass großartige Kosten entstehen.

Unter diesem Link solltest du dich jetzt kostenfrei für das Webinar anmelden:
▶ www.gruender.de/demand

TEIL 3

8. Online Marketingstrategien

Wow, herzlichen Glückwunsch, dass du es bis hierhin geschafft hast! Im Idealfall hast du nun alle Geschäftsmodelle gelesen, sie verinnerlicht und einen Überblick über die zahlreichen Möglichkeiten der Online Business-Welt!

Wir haben jetzt so viel über unterschiedliche Geschäftsmodelle gesprochen, dass du vielleicht gemerkt hast, dass sich gewisse Themen und Abfolgen immer wiederholen: Online Marketingstrategien, die jedes Business einsetzen sollte, um Reichweite, Traffic und Conversion zu generieren.

Wenn du einige Kapitel übersprungen hast, weil dich erst einmal die anwendungsorientierten Strategien interessieren – auch gut! Denn ich habe das Buch bewusst so geschrieben, dass du bequem in jedes Kapitel einsteigen kannst, ohne das vorherige gelesen haben zu müssen.

So oder so sollte jedem von uns bewusst sein, dass ein Online Business niemals erfolgreich wird, wenn man sich nicht mit Online Marketing auseinandersetzt. Punkt. Und ich sage das in aller Deutlichkeit, weil ich es jeden Tag bei mir im Unternehmen selbst beobachten kann: **Online Marketing ist die Basis für Erfolg.** Wenn du dich mit eigenen Produkten oder Dienstleistungen neu am Markt etablieren möchtest, stehst du erst einmal vor der Herausforderung wahrgenommen zu werden. Kunden auf dein Unternehmen aufmerksam zu machen und sie dann auch noch davon zu überzeugen, ist eine schwierige Aufgabe. Um nicht zu sagen, die wohl wichtigste UND schwierigste Aufgabe von allen.

Und genau deshalb kommst du um einen professionellen Online Auftritt nicht mehr herum. Vom Global Player im Elektroniksektor bis zum lokalen Friseursalon hält das World Wide Web für Unternehmer aus nahezu allen Branchen großes Kunden- und Umsatzpotenzial bereit. Denn fast immer befindet sich der erste Touchpoint von Unternehmen und Kunde im Internet: auf der Firmenwebseite, auf Profilen in sozialen Netzwerken oder auch in den Google-Suchergebnissen. Wenn du das Maximum aus deinem Online-Auftritt herausholen möchtest, musst du allerdings die passenden Online Marketingstrategien anwenden. Und genau hier setzen die nächsten Kapitel an, um meine jahrelange Expertise mit dir zu teilen.

Die folgenden Seiten dieses Buches enthalten alle wichtigen, etablierten, effektiven und gewinnbringenden Online Marketingstrategien, die es braucht, um mit einem Online Business rekordverdächtig durchzustarten. Jede dieser Strategien werde ich kurz erklären und dir praxisnah die wichtigen Tipps und Tricks aufzeigen. Bist du bereit für die große Welt der Online Marketingstrategien? Los geht's.

Lead-Magneten

Die Aufmerksamkeit deiner potenziellen Kunden ist sehr begrenzt. Sie sind ständig und überall einer Reizüberflutung an unzähligen Werbeanzeigen, günstigen Angeboten und Rabattaktionen ausgesetzt. Und genau deshalb musst du dir überlegen, wie du trotzdem Kunden für dich, dein Online Business und deine Angebote begeistern kannst. Und da kommen sogenannte Lead-Magneten ins Spiel. Lead-Magneten sind reizvolle, kostenlose Produkte, die du Interessenten zukommen lässt, sobald sie im Tausch dafür ihre Kontaktdaten hinterlassen. Denn ein Name und eine E-Mail-Adresse von potenziellen Kunden sind für dich sehr viel wert.

Lead-Magneten helfen dir nicht nur mehr Kontakte zu sammeln. Sie helfen dir auch herauszufinden, in welchen Funnel sich bestimmte Kontakte einordnen lassen. Durch die Zuordnung der Kontakte in bestimmte Funnel („Verkaufstrichter") kannst du die Interessenten gezielter ansprechen und sie über passende Angebote oder Produkte informieren. Je mehr du über die Interessenten weißt, desto besser kannst du deinen Verkaufsprozess auf sie ausrichten.

Daher ist es relevant, dass du deine Zielgruppe kennst, ihre Bedürfnisse und Wünsche ansprichst und ihre Probleme löst. **Bedenke: Der Lead-Magnet ist an dieser Stelle nur der Türöffner – die wirklichen Angebote für deine potenziellen Kunden kommen erst dann, wenn du sie näher einschätzen kannst und ihre Pain Points herausgefiltert hast.** Erwarte also nicht, dass eine erste E-Mail-Adresse bereits erste Kunden mit sich bringt. Die wirkliche Arbeit hat nämlich jetzt erst begonnen.

Doch was kann man sich unter einem Lead-Magneten genau vorstellen? Im Prinzip kostenlose Produkte. Diese kostenlosen Produkte, auch Freebies genannt, können ganz unterschiedlich aussehen. Ob digitale Produkte wie ein E-Book, analoge Produkte wie ein Taschenbuch oder auch Gutscheincodes – je nach Segment und Zielgruppe eignen sich unterschiedliche Möglichkeiten. Ganz ehrlich: Ich liebe Lead-Magneten. Sie sind so herrlich einfach einzusetzen und doch so effektiv – wenn sie wirklich gut gemacht sind.

Lead-Magneten müssen daher:

- relevant für deine Zielgruppe sein
- in direkter Beziehung zu deinem Unternehmen und deinen Produkten bzw. Dienstleistungen stehen
- einen erkennbaren Mehrwert bieten

- einen unmittelbaren Nutzen aufweisen
- an der richtigen Stelle platziert werden

Erinnerst du dich noch an Hannah Hauser aus Kapitel 4? Nein? Dann schau an dieser Stelle gerne mal rein. Hannah hat nämlich auch mit einem Lead-Magneten in Form von einer Videoserie versucht, ihre Follower von Instagram auf ihre Webseite zu lenken. Was soll ich sagen, es hat funktioniert. Und ihr Online Business boomt.

Damit du nachvollziehen kannst, wie du attraktive Lead-Magneten erstellst, möchte ich dir konkrete Ideen und Beispiele von funktionierenden Anreizen auflisten:

1. Gutscheine und Rabattcodes

Ein klassischer Anreiz für den Austausch von Kundendaten sind Gutscheine und Rabattaktionen. Eine Reduzierung des Preises ist für viele ein Grund, sofort zuzuschlagen. Mich hat sowas früher immer gereizt, bis ich natürlich den Marketing-Trick erkannt und verstanden habe. Dieser Anreiz setzt allerdings voraus, dass die potenziellen Kunden ein grundlegendes Interesse an deinen Produkten haben, da sie ansonsten nichts mit einem Gutscheincode anfangen können. Tragen sie sich also ins Kontaktformular ein, kannst du dir sicher sein, dass ernsthaftes Interesse an deinen Produkten besteht. Daher solltest du dir an dieser Stelle genau überlegen, ob du einen generellen Rabatt auf alle Produkte anbietest oder eben Gutscheincodes für ausgewählte Produkte einsetzen möchtest.

2. Giveaways

Bei Giveaways hast du die Möglichkeit, die Kontaktdaten von Interessenten zu erlangen, die noch recht wenig Engagement zeigen. Kostenlose Geschenke reizen oftmals mehr Leute ihre Daten preiszugeben, da sie ohne großen Aufwand direkt einen Nutzen erhalten. Als Giveaways eignen sich unterschiedliche Produkte. Werbeartikel wie Büroutensilien, Taschen, Kaffeebecher oder Süßwaren und Getränke – Hauptsache ein gewisser Nutzen und ein direkter Bezug zu deinem Unternehmen ist vorhanden.

3. Webinare, E-Books, Whitepaper und Mustervorlagen

Einen wirklich fachlichen Mehrwert bieten E-Books, Whitepaper, PDF-Mustervorlagen, Checklisten und andere Informationsunterlagen. Auch Webinare für die Aneignung von Expertenwissen zu bestimmten Bereichen ist für viele Interessenten sehr reizvoll. Hier bekommen sie im Tausch für ihre Daten exklusive Inhalte, die normalerweise nicht frei zugänglich wären. Damit gehst du in Vorleistung und gibst den Kunden die Möglichkeit deine Expertise erst einmal zu testen, bevor sie sich für kostenpflichtige Produkte entscheiden. Das baut Vertrauen auf und stärkt die Kundenbindung. Wenn du hier bei den Online Marketingstrategien erst eingestiegen bist, dann lies dir gern in Teil zwei dieses Buches mal Digitale Infoprodukte und Webinar Business durch – dort erkläre ich dir, wie du mit solchen Produkten dein eigenes Online Business aufbaust.

4. Tests, Quiz und Gewinnspiele

Besonders erfolgreich sind Tests, Quiz und Gewinnspiele als Lead-Magneten. Viele Menschen wollen gerne ihr Wissen testen oder herausfinden, welchem Typ sie in gewisser Weise entsprechen. Und Tests und Quiz können perfekte Anreize schaffen, die individuellen Ergebnisse im Tausch für die Kundendaten zu erlangen. Lockst du darüber hinaus auch noch mit einem Preis für die Teilnahme, kannst du mit Sicherheit davon ausgehen, dass einige Interessenten ihre Daten gerne offenlegen werden.

5. Lege Wert auf eine hochwertige Aufmachung

Egal für welche Art von Lead-Magneten du dich entscheidest – eine hochwertige Aufmachung der Freebies und auch der Popup-Button oder Teaser auf deiner Webseite sollte Grundvoraussetzung sein. Achte darauf Qualität zu zeigen und die Lead-Magneten nicht „billig" aussehen zu lassen. Denn oftmals sind genau diese Anreize der Grund dafür, warum aus Interessenten dann wirkliche Kunden werden. **Bedenke: Du willst mit diesen Informationen überzeugen und nicht abschrecken.** Ansprechende Farben, ein attraktives Design, ein einwandfreier Download und die Vermeidung von technischen Fehlern, sollten hier im Fokus stehen.

6. Überzeuge mit Worten

Wenn du auf deine Lead-Magneten hinweist, musst du überzeugend formulieren. Ansprechende und aussagekräftige Überschriften, Teaser-Texte und CTAs sollten Lust auf mehr machen und das Interesse wecken. Achte also ganz besonders auf dein Wording und sei ganz konkret. Verrate, was genau deine Interessenten bekommen und sprich auch aus, was sie sonst verpassen würden. Sich einmal die Opportunitätskosten vor Augen zu führen, kann Wunder bewirken. Je direkter und genauer du bist, desto überzeugender.

7. Biete einen Vorgeschmack

Eine erfolgreiche Methode, Interessenten ihre Kontaktdaten herauszulocken, ist das Anteasern. Bspw. könntest du von deinem neuesten Buch das erste Kapitel anzeigen und so einen Vorgeschmack auf den weiteren Inhalt bieten. Ist das Kapitel interessant geschrieben und kündigt bereits weitere spannende Inhalte an, ist dies ein Grund, das ganze Buch lesen zu wollen und dafür die Daten preiszugeben.

Mein Fazit zu Leadmagneten

Das Erstellen von Lead-Magneten erfordert sowohl Kreativität als auch Weitblick und Einfühlungsvermögen. Je genauer du dich in deine Zielgruppe hineinversetzen kannst, desto eher weißt du, welche Lead-Magneten an welchen Stellen erfolgreich eingesetzt werden können. Grundsätzlich solltest du verschiedene Möglichkeiten ausprobieren. Mit der Zeit wird sich dann herausstellen, was funktioniert und was nicht. Also teste unterschiedliche Optionen und sammle Erfahrungen, die du dann wiederum in die Optimierung deiner Lead-Magneten stecken kannst.

Sales Funnel

Im normalen Marketing Geschäft betreibst du viel Aufwand damit, Kunden zu generieren – das kostet Zeit und Geld. Manchmal passiert es, dass du viele Stunden in eine Marketingstrategie investiert hast, die einfach ins Nichts führte und der gewünschte Erfolg ausblieb. Vielleicht ist die eine oder andere Person für einen einmaligen Kauf hängengeblieben. Das wird aber nicht das Ziel deines Unternehmens sein. Kaum ein selbständiger Betrieb wird sich durch zufällige Klienten halten können. Du brauchst also weitere Kunden und am besten noch Stammkunden, die von dir und deinem Produkt überzeugt sind.

Die heutigen Käufer surfen im Internet und informieren sich. Oft kaufen sie nicht direkt, sondern entscheiden sich erst einige Tage später. Die meisten Unternehmer geben nach zwei bis drei Versuchen, die Kunden zu überzeugen, auf und verpassen damit etliche Chancen, das Produkt zu verkaufen. Das wird dir aber nicht passieren. Weil du klug bist und einen Sales Funnel einsetzt. In Teil zwei spreche ich den „Funnel" in verschiedenen Kapiteln an, jetzt möchte ich dir genauer erklären, was sich dahinter verbirgt und wie du diese Strategie für dich nutzen kannst.

Einen Sales Funnel kann man sehr gut als Verkaufstrichter bezeichnen. Das Bild eines Trichters zeigt deutlich, was mit potentiellen Kunden in einem solchen Funnel passiert: Sie werden durch verschiedene Schritte im Verkaufsprozess von Interessenten zu Kunden. Ziel ist, dass durch den Sales Funnel am Ende ein erfolgreicher und lukrativer Geschäftsabschluss zustande kommt. Da der Trichter zum Ende hin immer enger wird, bedeutet dies, dass auch immer mehr Interessenten wegfallen. So bleiben nach den unterschiedlichen Schritten nur diejenigen über, die auch wirklich etwas kaufen wollen oder diejenigen, die für hochpreisige Produkte bzw. Dienstleistungen zu begeistern sind. Genial? Der Meinung bin ich auch.

Daher hier kurz und knapp, warum du einen Sales Funnel brauchst:

- Ein Sales Funnel stellt sicher, dass der Prozess wiederholbar und skalierbar ist. Das spart viel Zeit.
- Anhand verschiedener Technologien kannst du deinen Verkaufstrichter automatisieren. Das spart wiederum Geld, das du besser in andere Projekte investieren kannst.
- Der Sales Funnel macht eine laufende Nachverfolgung deiner Kunden möglich und erhöht deine Conversion-Rate und damit deinen Umsatz.
- Mit einem Sales Funnel wirst du nur Kunden ansprechen, die sich sowieso schon für dein Thema interessieren. Das heißt, dass du auch schneller einen Verkauf verbuchen wirst.
- Mit dem Sales Funnel förderst du die Verkaufszahlen. Denn du kannst damit Stammkunden ausfindig machen, die auch bereit sind, für einen höheren Preis bei dir zu kaufen.

Der Aufbau

Wer **Aufmerksamkeit** möchte, braucht mindestens einen Weg, das Interesse der Kunden zu wecken. Dafür musst du ein möglichst attraktives

Einstiegsangebot anbieten, um die Aufmerksamkeit der Kunden zu bekommen. Das kannst du bspw. mittels Geschenke, Rabattaktionen, Boni oder extrem günstige Preise erreichen. Denn wer erst einmal viel bekommt, ohne wirklich etwas dafür tun zu müssen, ist eher bereit, etwas zu kaufen als jemand, der noch nichts bekommen hat. **Daher mein konkreter Tipp: Gehe erst einmal in Vorleistung.**

Hast du dann das Interesse geweckt, musst du zusehen, wie du möglichst schnell eine **Adressierbarkeit** der Kunden erreichst. Du musst sie also erreichen können. In den meisten Fällen wäre dies über die E-Mail-Adresse möglich, um die du sie bittest, wenn sie das „Geschenk" erhalten möchten. Zum einen bedeutet das, dass du an dieser Stelle wertvolle Daten sammelst von Leuten, die auch wirklich an dir und deinem Unternehmen interessiert sind und somit mehr über deine Zielgruppe aussagen.

Zum anderen kannst du die E-Mail-Adresse nutzen, um diese in einen E-Mail-Verteiler aufzunehmen und vor allem um passende **Angebote** zu ermöglichen, die die Kunden auch wirklich kaufen möchten. Perfekt passende Angebote zu offerieren, ist hier der Schlüssel.

Damit das Ganze greifbarer wird, möchte ich dir ein Beispiel geben. Nehmen wir an, du hast ein Webinar Business und möchtest einen Webinar-Funnel aufbauen. Hier bietest du deinen potenziellen Kunden erst einmal ein kostenloses Webinar an, teilst Expertenwissen und gibst somit einen konkreten Mehrwert. Im Webinar platzierst du dann ein weiteres Angebot, für ein weiteres Webinar, das das Interesse der Kunden weckt, nun aber kostenpflichtig ist.

Somit hast du durch den kostenfreien Content (Lead-Magnet) erst Aufmerksamkeit generiert, dann mit dem Inhalt Interesse geweckt, durch den Mehrwert den Wunsch nach weiteren Angeboten ausgelöst und dann durch ein perfekt platziertes Angebot eine Handlung hervorgerufen – nämlich den Kauf. Genau so kann es funktionieren. (Alles zum Webinar Business erfährst du in Kapitel 5.)

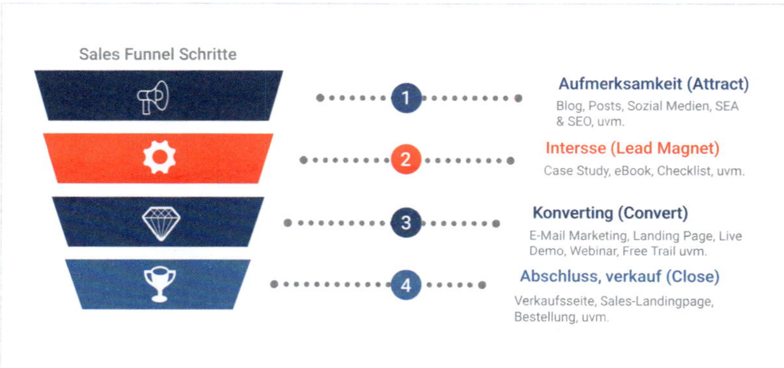

Quelle: www.salesexperts.ch/sales-funnel

1. Kreiere einen kostenlosen Lead-Magneten mit Mehrwert.
2. Erstelle eine Landingpage, um die Kontaktdaten der Kunden zu erfassen.
3. Nutze E-Mail-Marketing, um die Kunden zu kontaktieren.
4. Erstelle eine Salespage, auf der du dein Produkt verkaufst.
5. Erhöhe den Traffic, um Aufmerksamkeit auf dein Produkt lenken.

Mein Fazit zum Sales Funnel

Ein Sales Funnel ist einer der wichtigsten Strategien im Online Marketing, um deinen Erfolg weiter ausbauen zu können. Beginne also gleich damit und überlege dir, wie dein perfekter Sales Funnel für dein Business aussehen und aufgebaut sein könnte. Je nachdem, welche Produkte du anbietest, solltest du auch unterschiedliche Sales Funnel anlegen.

E-Mail-Marketing mit Newslettern

Kommen wir zu meinem Lieblingsthema. E-Mail-Marketing gilt seit Jahren als einer der erfolgreichsten Kommunikationskanäle. Täglich werden hunderte Milliarden E-Mails verschickt und empfangen. Das Gerücht, dass E-Mails durch wachsende Popularität sozialer Netzwerke immer weiter verdrängt werden, hält sich hartnäckig. **Doch E-Mail-Marketing ist immer noch das Nummer 1 Marketing-Medium, um Conversions und Umsätze zu steigern.** Warum? Für jeden Euro, den Unternehmen in Newsletter-Marketing investieren, können sie einen durchschnittlichen Return von 38 Euro erwarten. Klingt verlockend, aber unrealistisch? Dann möchte ich dir ein paar Gründe nennen, die den Erfolg von E-Mail-Marketing mit Newslettern untermauern:

- Prognosen und Statistiken zufolge steigt die Zahl der E-Mail-Nutzer stetig an.
- E-Mail-Marketing fördert das Wachstum eines Unternehmens, da auf E-Mails eine oftmals direkte Wirkung erfolgt.
- Umfragen zufolge freuen sich Kunden über den Markenkontakt via E-Mail.
- Aufgrund steigender E-Mail-Nutzer und Milliarden täglich versandter E-Mails steigt das Potenzial dieser Marketing-Strategie.
- Der Versand von Newslettern ist einfach auf den Weg zu bringen. Innerhalb weniger Minuten kannst du den Newsletter versenden und zeitgleich Kosten sparen.

So funktioniert erfolgreiches E-Mail-Marketing

Um so praxisnah wie möglich zu bleiben, möchte ich dich Schritt für Schritt durch den Prozess des E-Mail-Marketings leiten.

Schritt 1: Entscheide dich für ein Newsletter-Tool

Bei der Auswahl des passenden Newsletter-Tools solltest du dir erstmal überlegen, wie viele Menschen du mit deinen Mails kontaktieren möchtest und wie viele Mails du monatlich verschickst. Im Anschluss kannst du dann die verschiedenen Anbieter miteinander vergleichen und dir den kostengünstigsten für dich aussuchen. Dieser erste Schritt mag sich vielleicht banal anhören, aber hier lassen sich Kosten sparen und Ärger vermeiden. Im Bonuskapitel, der Tool-Liste, stelle ich dir drei E-Mail-Marketing-Anbieter vor.

Schritt 2: Hole dir die Zustimmung deiner Kunden

Bevor du mit dem Versenden deines Newsletters starten kannst, brauchst du einen richtigen E-Mail-Verteiler. Damit deine E-Mails nicht im Spam-Ordner landen, solltest du vor dem Versenden des Newsletters die Zustimmung der potenziellen Abonnenten einholen. Nutze hierfür sogenannte Double-Opt-In-Formulare auf Webseiten, Blogs oder sozialen Netzwerken. Mit diesen Formularen holst du dir die ausdrücklich Zustimmung von deinen Kunden, ihre Daten auch wirklich sammeln zu dürfen. Damit auch alles rechtssicher ist.

Schritt 3: Biete relevante Inhalte

Du solltest deinen Lesern immer einen Mehrwert mit deinem Newsletter bieten können, denn auch hier gilt: Content is King. Ja, ich wiederhole mich, aber besser einmal zu viel als einmal zu wenig. Verzichte auf lange Eigenwerbung und widme dich stattdessen lieber den Problemen und Interessen deiner Zielgruppe. Überlege, welche Inhalte deiner Zielgruppe von Nutzen sein können. **Dein Newsletter sollte zu 90 Prozent aus relevanten und hilfreichen Informationen und nur zu zehn Prozent aus Promotion für das eigene Unternehmen bestehen. Merke dir diese Formel.**

Schritt 4: Locke mit einem Gratis-Angebot

Wie heißt es so schön? Einem geschenkten Gaul schaut man nicht ins Maul. Fast jeder Mensch freut sich darüber, etwas gratis zu bekommen. Durch die Ankündigung, Templates, Tools oder E-Books zu verschenken, wird die Klickrate enorm gesteigert. Wenn du es nun schaffst, deine Betreffzeile überzeugend zu formulieren, dann sollte die Öffnung deiner E-Mail fast sicher sein.

Schritt 5: Sei so persönlich wie möglich

Wenn du den Namen deines E-Mail-Empfängers kennst, solltest du auf unpersönliche Anreden wie „Sehr geehrte Damen und Herren“ verzichten. Das führt dann mit hoher Wahrscheinlichkeit dazu, dass der Leser die E-Mail beim nächsten Mal gar nicht mehr öffnet. Sprich sie oder ihn direkt mit Namen an, dass vermittelt Nähe und Wertschätzung.

Schritt 6: Teste deinen Newsletter

Bevor du einen Newsletter an deine Abonnenten verschickst, gilt es, diesen zu testen und zu korrigieren. Du musst nicht nur den perfekten Zeitpunkt herausfinden, an dem du deine E-Mails verschickst. Du solltest deine E-Mails auch auf Fehler untersuchen. Dazu zählen Rechtschreib- und Grammatikfehler, aber auch Darstellungsfehler. Es gibt nichts Unangenehmeres, als fehlerhafte Mails zu versenden. Natürlich kann das mal passieren, ist es mir auch schon das ein oder andere mal. Aber versuche darauf zu achten, es nicht zum Standard werden zu lassen.

Praxis-Tipp: Vergiss nicht, deine Newsletter auch auf Smartphones und Tablets zu testen. Über 90 Prozent der User weltweit nutzen heutzutage vorrangig mobile Endgeräte.

Mein Fazit zum E-Mail-Marketing

Damit dein Newsletter nicht auf der Stelle im Papierkorb landet, musst du der Betreffzeile viel Aufmerksamkeit schenken. Meiner Meinung nach ist das wirklich entscheidend. **Verfasse die Betreffzeile zuerst.** Dein Hauptkriterium sollte hierbei auf der Formulierung liegen, denn sie entscheidet letztendlich darüber, ob deine Kunden die Mail öffnen oder nicht. Mit der richtigen Betreffzeile, einem Mehrwert bietenden Inhalt und der korrekten Darstellungsform deines Inhalts steht deinem perfekten Newsletter nichts mehr im Weg.

Call-to-Action

Um Kunden tatsächlich zu einem Kauf zu motivieren, spielen viele verschiedene Faktoren ein Rolle. Dazu gehören nicht nur der Kundenservice, das direkte Verkaufsgespräch oder reizvolle Angebote, sondern schon die kleinste Kommunikation. Ob auf der Startseite deiner Webseite, in Newslettern per E-Mail oder in Social Media-Posts auf verschiedenen Kanälen – gut formulierte Texte können Menschen dazu bewegen, eher mal auf den Kauf-Button zu drücken. Dabei können Call-to-Action-Elemente helfen. Kleine Trigger und Handlungsaufforderungen, die Kunden dazu veranlassen, sich schneller mal zu registrieren oder etwas zu kaufen.

Ein Call-to-Action (CTA) ist eine konkrete Handlungsaufforderung, die Kunden animieren soll, eine bestimmte Handlung durchzuführen. CTA werden innerhalb von Marketing-Kampagnen eingesetzt und sind meist mit Elementen wie Buttons, Banner oder einfachen Links verknüpft. Sie werden zentral und gut sichtbar platziert. So zentral, dass Kunden auf der Webseite oder in E-Mails ganz schnell und einfach darauf klicken können. Dahinter verbergen sich oftmals direkte Registrierungsseiten, Produktseiten oder Online Shops.

Das Ziel von Call-to-Action-Buttons ist, dass du Kunden auf direktem und vorher definierten Weg zu einem gewünschten Ziel leiten kannst. Mit kurzen prägnanten Aufforderungen wie „Erfahre hier mehr“, „Lade dir jetzt den Newsletter herunter“, „Kaufe jetzt dein Lieblingsprodukt“ oder „Spare hier 20 Prozent“ kannst du Kunden dazu motivieren, sofort aktiv zu werden.

Die meisten Call-to-Action-Elemente sind einfache Button. Denn diese sind effektiv und Nutzer wissen zumeist, was beim Anklicken dieser Button passiert. Damit sich die Button sehr gut vom Rest des Contents abheben, solltest du sie durch individuelle Gestaltungsmöglichkeiten wie Größe, Farbe oder Schattierungen auf deine Webseite perfekt anpassen. Je besser sich der Button in sein Umfeld integrieren lässt, desto angenehmer und seriöser wirkt er für den Nutzer. Schau daher, dass du bspw. die Farben der Webseite oder des Logos auch für den Button nutzen kannst. Er sollte definitiv ein Blickfang sein, sodass Nutzer daran hängen bleiben.

Bei der Formulierung der CTA gilt vor allem eine Regel: weniger ist mehr. Kurz, knapp, prägnant. Obwohl es simpel klingt, kann man auch hier einiges falsch machen. Zum einen darf die Aufforderung nicht wie ein Befehl wirken. Deine Webseitenbesucher sollen sich hier zu nichts gezwungen fühlen. Zum anderen muss aber auch ersichtlich werden, was genau passiert, wenn man auf den Button klickt. Macht der Button Angst, weil man das Gefühl hat, man würde direkt etwas kaufen, schrecken solche Elemente eher ab. Es muss also verständlich sein und persönlich ansprechen. Kurze Formulierungen wie „Ja, ich möchte den Newsletter abonnieren“ oder „Noch heute den Newsletter abonnieren“ funktionieren. Die erste Variante klingt durch das Pronom sehr persönlich, die zweite Variante äußert durch einen zeitlichen Faktor eine subtile Dringlichkeit.

Hier zeige ich dir mal ein Beispiel unserer Landingpage unseres Gründerkongresses.

Hier arbeiten wir mit mehreren CTA-Elementen, wenigen, aber konkreten Infos und ganz klaren Aussagen. Unsere Besucher wissen also ganz genau was passiert, wenn sie auf einen Button klicken. **Dabei kannst du Call-to-Actions auf sämtlichen Marketing-Kanälen platzieren.** Ob auf der Landingpage, in E-Mails, in den sozialen Netzwerken oder auch in Videobeiträgen – überall findet sich Platz, um CTA-Elemente einzusetzen. Hier ein Beispiel unserer Social Media-Beiträge zum Gründerkongress (einem unserer Online Kongresse) mit CTA-Elementen:

Auch hier sticht der Button deutlich hervor, durch eine andere Farbgebung und direkter Handlungsaufforderung.

Wichtig ist nur, dass CTA unmittelbar dort platziert sind, wo sie auch für Kunden am sinnvollsten sind. Daher ist es weniger sinnvoll, einen Call-to-Action-Button ganz oben auf der Landingpage zu integrieren, wenn der Teaser-Text zur Handlung erst am Ende der Webseite auftaucht. Vielmehr sollte es so sein, dass die Käufer bestens über den Content informiert sind, zu dem der CTA animieren soll – und im Anschluss daran über den Call-to-Action dem Content näher kommen.

Mein Fazit zu Call-to-Actions

Call-to-Actions können dir dabei helfen, potenzielle Kunden zu wirklichen Kunden zu machen. Sie können dafür sorgen, dass du Leads generierst oder Nutzer sich durch bestimmte Inhalte deiner Webseite klicken. CTA funktionieren, wenn du sie richtig einsetzt. Dazu gehört die richtige Platzierung, das richtige Design und die richtigen Worte.

Suchmaschinenoptimierung (SEO)

Damit dein Online Business erfolgreich wird, brauchst du Besucher auf deiner Webseite. Und wenn du mehr Besucher auf deine Webseite bekommen möchtest, brauchst vor allem eins: guten Content. Doch das ist nicht alles. Schließlich müssen die Nutzer erstmal auf den Content aufmerksam werden. Und das passiert meistens dadurch, dass sie die Inhalte bei Google finden. Doch mal ehrlich: Wer schaut sich bei den Google-Ergebnissen die Seite zwei an? So gut wie keiner. Ich selbst mache das auch nicht. Daher ist es wichtig, beim Google-Ranking weit oben zu landen. **Ziel sollte sein, bei Google auf Seite 1 zu stehen.** Im Idealfall sogar unter den ersten drei Suchergebnissen. Und hier kommt „Search Engine Optimization" ins Spiel, kurz SEO.

Auf deiner Webseite sollten alle textlichen Beiträge SEO-optimiert sein, denn ein guter SEO-Text kann bei Google hohe Rankings erzielen. Damit ein Text organisch auf Google gut rankt, müssen viele verschiedene Faktoren zusammenspielen. Dabei ist die Art des Content völlig irrelevant. Sowohl ein Artikel als auch eine Produktbeschreibung oder eine Pressemitteilung können SEO-optimiert geschrieben werden. Wichtig ist nur, dass man weiß, auf was Google positiv reagiert. Und hier kommen nun meine Tipps ins Spiel.

Keywords

Der wichtigste Faktor sind Keywords. Bei Keywords handelt es sich um Suchbegriffe, die in Form von einzelnen Wörtern, Phrasen oder ganzen Fragen auftreten können. Ohne Keywords ist ein Text kein SEO-Text. Wenn du bspw. eine Webseite zum Thema vegane Ernährung hast, ist es fast unmöglich, genau dieses Keyword nicht im Text zu verwenden. Das heißt, dass es fast automatisch passiert, dass du dein Fokus-Keyword, also in unserem Beispiel „vegan", im Text einsetzt. Bedenke aber, dass dieses Keyword nicht zu oft im Text vorkommen darf, damit die Lesbarkeit nicht darunter leidet. Hier kann es helfen, Synonyme für das Keyword einzusetzen, bspw. „pflanzliche Ernährung". Damit du die passenden Synonyme für deinen Text findest, solltest du also eine gründliche Keyword-Recherche betreiben. Auch sogenannte Longtail-Keywords wie bspw. „vegane Ernährung für Kinder" können dazu führen, dass du mit deinem Text bzw. deiner Webseite viel besser gefunden wirst.

In 10 Schritten zum perfekten SEO-Text

Bleiben wir beim Beispiel der Webseite zum Thema vegane Ernährung.

Schritt 1: Finde die Suchintention der Nutzer heraus. Was beabsichtigen sie mit ihrer Suche zu finden? In unserem Beispiel suchen Nutzer sehr wahrscheinlich nach Ernährungstipps, Regeln und Zutaten für vegane Gerichte.

Schritt 2: Finde das richtige Keyword, auf das du deinen Text ausrichtest. Hierfür gibt es verschiedene Tools, wie Sistrix oder den Google Keyword Planner, mit denen sich das herausfinden lässt. In unserem Beispiel wäre das Hauptkeyword „vegane Ernährung".

Schritt 3: Verwende Synonyme oder verwandte Suchbegriffe für die Hauptkeywords. So kannst du auch Leute auf deine Webseite ziehen, die solche Synonyme als Suchbegriff nutzen. Daher würden wir auch folgende Keywords nutzen: „gesunde Ernährung", „vegane Küche", „Ernährungsumstellung" und „Veganismus".

Schritt 4: Analysiere deine Konkurrenz. So kannst du herausfinden, welche Inhalte besonders gut für das jeweilige Keyword funktionieren. In unserem Beispiel sind direkte Konkurrenten Gesundheitsmagazine, Online Shops für vegane Produkte und Ratgeber für gesunde Ernährung.

Schritt 5: Gestalte deinen Text übersichtlich und teile ihn in mehrere Abschnitte und Zwischenüberschriften. Du könntest also mit einem allgemeinen Abschnitt über Veganismus starten, dann auf vegane Lebensmittel eingehen und mit passenden Rezepten enden.

Schritt 6: Erstelle einzigartigen und hochwertigen Content, denn Suchmaschinen sind in der Lage, Texte auf ihre Originalität hin zu prüfen. Also verwende bspw. Statistiken und Daten zu Veganismus in Deutschland oder bereichere deine Rezepttipps mit Bildern.

Schritt 7: Setze eine Meta-Beschreibung (das ist der Text, den man unter den Google-Suchergebnissen lesen kann) und überlege dir gut, was du dort genau beschreiben willst und wie du den Leser auf deine Seite locken kannst. Hilfreich könnte es sein, bspw. mit einem Versprechen zu starten, für mehr Vitalität durch vegane Ernährung.

Schritt 8: Nutze interne und externe Verlinkungen, damit der Leser länger auf deiner Seite bleibt und sich so durch verschiedene Texte durch klickt. Das heißt, wenn du gerade ein Rezept schreibst und Soja als Zutat auflistest, könntest du Soja verlinken und damit zu einem Blogbeitrag führen, den du nur zu diesem Thema geschrieben hast.

Schritt 9: Binde Medieninhalte ein, da diese den ganzen Text ein wenig auflockern und die Inhalte oft auf eine andere und verständliche Weise erklären können. Hast du vielleicht ein Rezept nachgekocht und dieses gefilmt, kannst du es perfekt auf deiner Webseite einbinden.

Schritt 10: Passe die Textlänge auf die Suchintention an. Komplexere Themen benötigen oft längere Antworten als Suchanfragen, die nur auf eine einfache Antwort abzielen. Schreibe daher einen ausführlich Text zum Thema Soja, aber einen kurzen Text zum Thema „Die 10 einfachsten Regeln für vegane Ernährung".

Mein Fazit zu SEO

SEO-Texte schreiben ist leider kein leichtes Thema, da Google seinen Algorithmus ständig anpasst und andere Faktoren plötzlich als wichtiger erachtet. Deswegen solltest du immer auf dem Laufenden bleiben, was neue Updates von Google angeht. Passe also deine Texte stetig an, wenn du merkst, dass diese noch nicht so ranken, wie du es dir gerne wünschen würdest.

Suchmaschinenwerbung (SEA)

Bei SEA (Suchmaschinenwerbung oder Search Engine Advertising) werden bei Suchmaschinen direkt konkrete Werbeanzeigen geschaltet. Vielleicht nutzt du SEA auch schon, bspw. über das Werbe-Tool Google Ads. Das Werbe-Tool von Google erlaubt dir Textanzeigen auf Basis festgelegter Keywords zu schalten, die dann den Nutzern in den Suchergebnissen angezeigt werden. Dafür müssen sie nur das Keyword im Eingabefeld der Suchmaschine eingeben und können dann auf deine Anzeige stoßen. Dadurch ermöglicht dir Google Ads eine höhere Besucherzahl auf deiner Webseite, wenn User deine Anzeige spannend finden und darauf klicken. Das Kostenprinzip von Google Ads ist, dass du nichts zahlst, solange niemand mit deiner Anzeige interagiert hat. Je gefragter dein Suchbegriff ist, desto teurer ist dann auch die Anzeige.

Um Anzeigen zu schalten, brauchst du einen Google Account. Dabei hilft dir das Google Ad-Tool mit Erklärungen durch den gesamten Prozess der Anzeigenerstellung.

Wenn du dich dafür entscheidest, über Google Werbung zu schalten, dann möchte ich dir aus eigener Erfahrung ein paar Tipps geben, worauf du bei der Einrichtung von Anzeigen achten musst:

1. Beachte die Suchintention deiner Zielgruppe
2. Verwende auch Longtail-Keywords
3. Schreibe deine Anzeigen qualitativ hochwertig
4. Fordere mit CTA zum Handeln auf
5. Nutze Anzeigenerweiterungen für zusätzliche Infos (Adresse, Telefonnummer oder Bewertungen)

Mein Fazit zu SEA

Mit diesen einfachen Tipps sollten deine Google Ads viel besser performen. Eine strukturierte Führung und Verwaltung deines Kontos ist besonders wichtig für das Planen von ganzen Werbekampagnen. Vor allem, wenn mehrere Kampagnen gleichzeitig laufen. Dafür ist es elementar, seine Zielgruppe zu kennen und anhand dieser die relevanten Keywords festzulegen. Du solltest dir bewusst werden, dass ohne passende Keywords deine Textanzeige für deine gewünschte Zielgruppe nicht sichtbar sein wird.

Facebook: Positionierung und Reichweite

Facebook ist weltweit mit seinen Milliarden aktiven Nutzern eines der beliebtesten sozialen Netzwerke. Aufgrund seiner enormen Reichweite bietet

Facebook Unternehmen und Startups die Möglichkeit, mit ihren Fans zu interagieren und ihre Aufmerksamkeit mit relevanten Posts auf ihre Webseite zu lenken. Daher ist es Zeit, dass du ein aktives, ansprechendes Profil anlegst und hochwertigen Content an deine Follower ausspielst.

Wir alle kennen vermutlich völlig überladene, ellenlange Posts, die in der Community eher auf Ablehnung stoßen. Um das zu verhindern, habe ich fünf Regeln für dich, nach denen auch wir unsere eigenen Posts erstellen.

Regel 1: Erstelle kurze, fesselnde Beiträge

Studien zufolge sind kurze und leicht verständliche Posts wirksamer als lange Facebook-Beiträge. Mit wenigen Zeilen musst du die Aufmerksamkeit der Leser an dich ziehen und daher möglichst spannende Posts erstellen. Je nach Thema bietet es sich an, zusätzlich auf einen ausführlichen Beitrag als PDF-Datei oder auf einen Blogbeitrag zu verlinken. Besonders ansprechend sind vor allem visuelle Reize, wie Bilder oder Videos. Auch wir erstellen unsere Posts nach dieser Regel.

Schau dir das gerne mal auf unseren Kanälen an. Nutze dieses Wissen und setze es zu deinem Vorteil ein.

- www.facebook.com/gruender.de

- www.facebook.com/thomas.klussmann

Regel 2: Biete immer einen Mehrwert

Behalte immer im Hinterkopf, dass es nicht darum geht, deine Fans mit so vielen Inhalten wie möglich zu überschütten. Qualität geht schließlich immer vor Quantität. Biete deinen Fans relevante Informationen, für die sie sich interessieren und die ihnen einen echten Mehrwert bieten. **Nutze aktuelle Aufhänger, um deinen Informationen einen sinnvollen Rahmen zu bieten.** Versuche deshalb nicht einfach nur trockene Unternehmensinformationen zu posten, sondern achte darauf, dass du diese ansprechend verpackst, Anreize schaffst und deine Fans neugierig auf mehr machst. Auch hier gilt mal wieder mein Lieblingsspruch: Content is King.

Regel 3: Nutze die Facebook-Statistiken

Du möchtest wissen, welche Posts besonders erfolgreich waren? Wann der perfekte Zeitpunkt zum Posten ist? Wenn du einen Firmenaccount hast, solltest du dir unbedingt deine Facebook-Statistiken ansehen, um diese Fragen zu beantworten. Auch ich setze mich mit meinem Team hin und analysiere unsere Accounts. Das ist super wichtig. Denn diese Insights können dir verraten, ob deine Strategie funktioniert oder an welchen Stellen du dich verbessern kannst.

Regel 4: Verwende Links

Du solltest so gut es geht versuchen, deine Follower auf deine Webseite zu locken. Dazu kannst du bspw. einen Blogbeitrag deiner Webseite auf Facebook einbinden. Wichtig ist, richtige URL-Links zu nutzen. Damit werden deine Metadaten direkt mit angezeigt. Achte darauf, dass sie aussagekräftig und abwechslungsreich sind.

Regel 5: Schaffe Interaktionsmöglichkeiten

Soziale Interaktion ist auf Facebook und auch den anderen Netzwerken extrem wichtig. Die Plattformen leben von einem regen Austausch. Gerade deshalb musst auch du mit deinen Followern interagieren. Denke immer daran, dass Facebook nicht nur ein einseitiger Kanal zur Informationsübermittlung ist, sondern eine Plattform zum Austauschen und Kennenlernen. Eine aktive Fan-Base musst du dir über lange Zeit aufbauen. Deshalb solltest du dir bei jedem Post überlegen, wie du deine Follower aktiv mit einbeziehen kannst. Sorge dafür, dass deine Fans Teil der Kommunikation werden. Versuche dafür, Fragen an sie zu richten oder durch Umfragen mehr Aufmerksamkeit zu erregen.

Facebook: Community Management

Genauso wichtig wie ein aktives Profil auf Facebook ist das Community Management. Nur wer weiß, was die eigenen Kunden denken, welche Probleme sie haben oder welche Wünsche sie hegen, kann diese wichtigen Informationen nutzen, um die eigenen Produkte bzw. Dienstleistungen zu verbessern. Und das geht ganz wunderbar mit Facebook-Gruppen. Diesen Vorteil hat auch Hannah Hauser aus Kapitel 4 für sich genutzt.

Facebook-Gruppen sind dafür gedacht, sich über bestimmte Themen gemeinsam auszutauschen und die aktuellsten Ereignisse zu teilen. Dabei ist auch die Verwendung verschiedener Medien, wie Dokumente, Fotos und Videos, in einer Facebook Gruppe möglich. Aber auch Umfragen lassen sich innerhalb einer Facebook-Gruppe zu einer bestimmten Thematik erstellen. Bei der Themenauswahl sind dabei nur wenige Einschränkungen vorhanden, sodass prinzipiell jedes Thema abgedeckt werden kann. Egal, ob die Fahrt zum nächsten Fußballspiel, Neuigkeiten über die eigene Dorfgemeinde oder politische Aktivitäten – es gibt praktisch zu jedem Thema eine eigene Facebook-Gruppe. Es ist wirklich unglaublich.

Auch für Unternehmen sind Facebook-Gruppen in den letzten Jahren immer interessanter geworden. Denn so kannst du deine Kunden direkter und in einer ungezwungenen Atmosphäre ansprechen. Wir nutzen solche Facebook-Gruppen für unsere Online Kongresse. Die Teilnehmer unseres

Gründerkongresses können der entsprechenden Gruppe beitreten und sich dort mit uns und anderen Usern rund um den Kongress und Gründer-Themen austauschen.

Folgende Marketing-Aspekte kannst du für dich nutzen:

- **Höhere Akzeptanz:**
  News in einer Facebookgruppe sind keine klassische Werbung und werden deshalb öfter angesehen.

- **Mehr Traffic für die eigene Webseite:**
  Informationen und Antworten zu bestimmten Fragen und Prozessen erhöhen die Chance, dass sich die Mitglieder auf deiner Firmenwebseite mit konkreten Produkten auseinandersetzen oder sich für Newsletter anmelden.

- **Kundenbindung steigern:**
  Wer sich um die Community der Facebook-Gruppe kümmert, bekommt dafür einen treue Kundschaft. Diese Treue kann sich wiederum positiv auf die Verkäufe auswirken.

- **Informationen über die Zielgruppe sammeln:**
  Facebook-Gruppen eignen sich ideal zur Marktforschung. Dort kannst du Bedürfnisse und Wünsche deiner Zielgruppe erfragen und danach die Produkte dementsprechend anpassen. So wie es auch Hannah Hauser zur Themenerstellung für ihren Online-Kurs gemacht hat.

- **Expertenstatus aufbauen:**
  Wenn du als Unternehmer in Facebook-Gruppen immer kompetent auf Fragen antwortest, erarbeitest du dir einen Expertenstatus und bekommst dadurch von den Kunden einen Vertrauensbonus.

Facebook: Ads

Aufgrund der effektiven Möglichkeiten, Kunden über Facebook zu gewinnen, nutzen immer mehr Unternehmen das soziale Netzwerk, um Neukunden anzulocken, die Reichweite zu erhöhen und mehr Traffic zu generieren. Mittlerweile hat selbst der kleine Blumenladen von nebenan eine Facebook-Seite, auf der er mit seinen potentiellen Kunden direkt kommunizieren kann.

Facebook Ads sind Anzeigen, die auf Facebook geschaltet und den Nutzern – abgestimmt auf ihre Interessen – angezeigt werden. Die Funktion der Anzeigenschaltung unterscheidet sich dabei deutlich zwischen Facebook und Google. Die Werbung wird nur den Nutzern sichtbar angezeigt, deren Interessen auf der Plattform mit denen der Anzeige übereinstimmen. Diese basieren auf den Informationen, die die Nutzer auf der Plattform öffentlich teilen (Musikgeschmack, Beziehungsstatus, Hobbys, Wohnort, Arbeitgeber etc.). Google Ads hingegen schaltet Anzeigen auf Basis getätigter Suchanfrage. Verwenden die Nutzer also das treffende Keyword, wird deine Anzeige passend geschaltet.

Nun möchte ich dir erklären, in welchen Schritten du zur Facebook-Ad kommst.

Schritt 1: Lege dein Kampagnenziel fest

Um eine Facebook Ad zu erstellen, musst du zum Werbeanzeigenmanager wechseln. Bevor du bei Facebook diverse Funktionen auswählst, solltest du dir überlegen, was genau du mit dieser Anzeige erreichen möchtest, wie bspw. mehr Reichweite, erhöhter Traffic oder zusätzliche Lead-Generierung. Hier gibt es kein richtig oder falsch. **Überlege dir, was dein Ziel mit der Anzeige ist.**

Schritt 2: Definiere deine Zielgruppe

Du kannst deine Zielgruppe in den Einstellungen zur Anzeige ziemlich genau festlegen. Überlege dir daher, wenn du erreichen willst, woher deine Kunden kommen und auch in welchem Preissegment sie sich bewegen.

Schritt 3: Wähle die Anzeigenplatzierung aus

Abhängig von deinem vorher ausgewählten Kampagnenziel werden dir unterschiedliche Anzeigenplatzierungen vorgeschlagen. Mögliche Orte für deine Werbung sind zum Beispiel im Facebook-Feed, in den Stories oder Videos.

Schritt 4: Lege das Budget und den Zeitraum fest

Bestimme ein genaues Budget und einen Zeitraum. Hier legst du fest, wie viel Geld du für die Ads ausgeben möchtest und wie lange deine Werbekampagne laufen soll. Für die Kosten kannst du entweder ein Tagesbudget angeben oder ein gesamtes Laufzeitbudget. Wir nutzen tatsächlich fast immer ein Tagesbudget, damit wir direkt agieren können und quasi „just in time" das Werbebudget anpassen können. Das ist übrigens auch für Testzwecke ganz gut geeignet, um herauszufinden, ob es sich überhaupt lohnt.

Schritt 5: Gestalte deine Anzeige

Nun geht es darum, dass du deine Ad gestaltest. Dafür musst du dir ein Format aussuchen, in dem eine Werbung dann für die Nutzer sichtbar ist. Formate wie Videos Ads, Image Ads oder Carousel Ads sind mögliche Varianten. Das ist eine unserer Anzeigen zu unserem Gründerkongress:

Ein weiteres Beispiel findest du bei der Online Marketingstrategie Call-to-Action.

Ob deine Anzeigen dann auch wirklich erfolgreich sind, erfährst du über das Manager-Dashboard von Facebook. Das Messen und Verwalten deiner Facebook Ad ist besonders wichtig. Wenn du schon frühzeitig erkennst, dass die ein oder andere Werbeanzeige nicht funktioniert bzw. die Anzeigen nicht so gut performen, wie du es dir gewünscht hättest, kannst du dies bei regelmäßiger Überwachung schnell feststellen.

Instagram: Positionierung und Reichweite

Instagram ist zu einem der meist genutzten Social Media-Kanäle geworden, auf dem Millionen von User täglich Bilder veröffentlichen, liken, kommentieren oder teilen. Besonders die Story-Funktion zählt zu den beliebtesten Funktionen auf Instagram, mit der die User kurze Impressionen aus ihrem Alltag mit Freunden teilen und sich damit oftmals auch der Öffentlichkeit präsentieren. Auch ich nutze die Story-Funktion sehr gerne, um mal kurz zu zeigen, an welchem Projekt ich arbeite oder einfach

private Informationen mit meinen Followern zu teilen.

Viele nutzen das soziale Netzwerk ebenso als Einkommensquelle und verdienen mit ihren Posts über die Plattform gutes Geld. Egal, ob als weitere Einkommensquelle oder als zusätzlicher Informationskanal – du solltest mit deinem Online Business auf Instagram auf jeden Fall aktiv und präsent sein. Daher möchte ich dir nun einmal aufzeigen, wie du für viele Instagram-User interessant wirst.

Genauso wie auf Facebook musst du auch hier regelmäßig hochwertigen Content produzieren und veröffentlichen. Wenn dein Account inaktiv ist und nichts passiert, wirst du keine Aufmerksamkeit generieren können. Wie viel Content das richtige Maß ist, ist unterschiedlich. Manche posten mehrmals täglich, andere auch in größeren Intervallen. Ich selbst poste mehrfach die Woche. Das fühlt sich für mich einfach richtig an und zeigt meinen Followern auch, dass ich sie stets updaten möchte (wenn dich meine Strategie interessiert, folge mir gerne @thomas_klussmann). Hier gilt es einfach ein Mittelmaß zu finden, damit du deine Follower nicht nervst, sondern mit gutem Content überzeugst. **Mein Tipp an dieser Stelle: Sprich deine Follower persönlich an. Denn so zeigt sich auch schnell, ob du mit Leidenschaft hinter deinen Beiträgen stehst und authentisch bist.**

Doch im Vordergrund steht vor allem eins: die Steigerung der Followeranzahl. Egal ob Unternehmer, Blogger oder Influencer, richtig eingesetzt kann die App zu mehr Reichweite und so auch zu mehr Kunden verhelfen. Wirklich erfolgreich kannst du mit der App aber nur dann werden, wenn du eine entsprechende Followeranzahl erreicht hast. Glücklicherweise gibt es viele Möglichkeiten, wie du schneller deine Community aufbauen kannst. Hier meine Top-Tipps:

- Gestalte dein Unternehmensprofil attraktiv und vollständig.
- Verwende hochwertige Fotos oder Grafiken als Beiträge.
- Nutze unbedingt die Story-Funktion.
- Schaue bei den Followern der Konkurrenz und interagiere mit diesen.
- Gehe auch mit deinen eigenen Followern in den Dialog.
- Bleibe mit dem Feed deinem Thema und deinem Corporate Design treu.
- Nutze innerhalb der Posts die richtigen Hashtags für mehr Reichweite.
- Kommuniziere deinen Standort, um dich greifbarer zu machen.
- Poste regelmäßig Content.
- Beteilige dich an Challenges, um von Trends zu profitieren.
- Versuche, auch über Direct Messages Kontakte zu knüpfen.
- Binde auch andere soziale Netzwerke in deinen Instagram-Auftritt ein.
- Nutze die Live-Funktion und Reels, wenn sich dir die Gelegenheit bietet.
- Kooperiere mit anderen lukrativen Nutzern und schaffe Synergien.
- Veranstalte Gewinnspiele, um deine Produkte anzupreisen und gleichzeitig mehr Interaktion zu generieren.

Instagram: Community Management

Hier eine simple Formel für sich: Je mehr Follower, desto mehr Reichweite. Doch das sollte dich nicht dazu verleiten, Follower zu kaufen. Natürlich ist ein schnell wachsendes Profil auf Instagram genau das, was du erreichen möchtest. Doch eingekaufte Follower bzw. Bots, die zwar auf den ersten Blick deinen Account „groß" erscheinen lassen, sind auf den zweiten Blick hinderlich. Lass die Finger davon! Das schreibe ich so deutlich, weil es wirklich alles andere als hilfreich ist. Denn dahinter verbergen sich „tote" Follower, die weder auf deine Posts reagieren, noch sich positiv auf deine Reichweite auswirken. Im Gegenteil sogar: Instagram straft Accounts mit Fake-Follower ab. Rücke daher von gekauften Followern ab und versuche so organisch wie möglich zu wachsen – auch wenn dieser Weg mehr Zeit kostet.

Mit Geduld, hochwertigem Content und Authentizität kann es dir gelingen. Damit du authentisch wirkst, solltest du schnell auf Fragen oder auch Kommentare deiner Follower antworten. Diese müssen das Gefühl bekommen, dass dir ihre Meinung wichtig ist. Und das sollte sie auch tatsächlich sein. **Vermittle Nähe und Persönlichkeit: Dann bleiben dir deine Follower treu, empfehlen dich weiter und deine Followeranzahl steigt automatisch.**

Instagram: Ads

Eine legale Möglichkeit schneller zu wachsen, sind Instagram Ads. Mit gelungener Instagram-Werbung kannst du versuchen, noch mehr Menschen zu erreichen und auch deine Produkte oder Dienstleistungen einem gezielten Publikum zu präsentieren. Auch wir nutzen Ads, um damit noch mehr User zu erreichen. Und weil es funktioniert, möchte ich dir alle wichtigen

Schritt 1: Koppel dein Facebook-Account mit deinem Instagram-Account

Über den Facebook-Werbeanzeigenmanager musst du deinen Unternehmensaccount auf Instagram mit dem auf Facebook verbinden. Dies ist elementar, da du nur über den Manager in Facebook deine Anzeige gestalten kannst. Hast du dies erledigt, musst du nun eine Kampagne erstellen. Hierfür gilt es, ein Kampagnenziel festzulegen. Mögliche Ziele sind u. a. die Markenbekanntheit zu erhöhen, mehr Traffic zu generieren oder mehr Interaktion zu erzeugen.

Schritt 2: Lege eine Zielgruppe fest

Im zweiten Schritt musst du eine Zielgruppe festlegen. Hier gibst du die obligatorischen demografischen Daten ein, aber eben auch die Interessen deiner Zielgruppe. Facebook bietet dir hier einen sehr intelligenten Suchfilter an, sodass deine Anzeige dann genau den richtigen Personen angezeigt und der Streuverlust gering gehalten wird.

Schritt 3: Wähle die Anzeigenplatzierung

Nun musst du dir darüber Gedanken machen, wo deine Anzeige sichtbar sein soll. Wenn du jetzt erst mit Instagram beginnst, kann dich diese Entscheidung womöglich überfordern. Aber auch hier hilft dir Facebook. Wenn du die automatische Anzeigenschaltung wählst, entscheidet nämlich Facebook, wo genau deine Anzeige am besten platziert wird, damit die passenden Nutzer deine Werbung sehen.

Schritt 4: Setze dein Budget und deinen Zeitplan fest

Im nächsten Schritt kannst du nun dein Budget festsetzen. Auch hier gibt es wieder zwei Möglichkeiten: Tages- oder ein Gesamtbudget. Zusätzlich kannst du auch angeben, zu welchen Tageszeiten deine Instagram-Werbung geschaltet werden soll. Anschließend braucht der Anzeigenmanager nur noch einen festgesetzten Zeitraum und schon kannst du beginnen, deine Anzeige zu gestalten.

Schritt 5: Gestalte deine Instagram-Ad

Es gibt viele verschiedene Formate, mit denen du jeweils andere Kampagnenziele verfolgst. Daher solltest du dein Ziel bei der Auswahl der Ad unbedingt beachten. Du kannst bspw. zwischen Ads als Stories, Fotos oder Collections wählen.

Wenn du dich für ein Format entschieden hast, fügst du die Bilder oder Videos ein, textest einen knackigen Werbetext, der am besten einen Call-to-Action beinhaltet, wählst die gewünschte Zahlungsmethode aus und schließt deine Gestaltung ab. Danach hast du deine Anzeige erfolgreich geschaltet und dem richtigen Werben auf Instagram steht nichts mehr im Weg.

YouTube: Positionierung und Reichweite

Neben der klassischen Webseite ist das Video-Marketing eine erfolgversprechende Methode, um Aufmerksamkeit zu generieren und damit deine Umsätz zu erhöhen. Der Grund dafür ist, dass für potenzielle Käufer bewegte Bilder immer noch die beliebteste Form ist, sich über Produkte oder Dienstleistungen informieren zu lassen. Im Idealfall sind solche Videos gleichzeitig unterhaltend. Nachgewiesenermaßen ist der Kaufanreiz durch bewegte Bilder im Vergleich zu Texten oder Fotos sehr viel höher. Und welche Plattform eignet sich dafür besser als YouTube? YouTube steht nicht nur für die weltweit erfolgreichste Videoplattform mit monatlich mehr als zwei Milliarden angemeldeten Nutzern, sondern konnte sich dank des enormen Suchvolumens auch als zweitgrößte Suchmaschine hinter Google positionieren. Wusstest du das?

Mit Videos kannst du über YouTube auf dein Business aufmerksam machen. Dafür muss der Inhalt deiner Videoclips wichtige Informationen und möglichst auch Unterhaltung bieten. Schon die ersten zehn Sekunden eines

Videos entscheiden darüber, ob die Zuschauer aufmerksam dabei bleiben oder gedanklich bereits weitergewandert sind. Weil YouTube so viel Potenzial bietet, sind auch wir mit Gründer.de dabei, unseren YouTube-Kanal immer weiter wachsen zu lassen. Wenn du wissen willst, wie wir das Ganze umsetzen, schau doch gerne mal vorbei:

► www.youtube.com/channel/UCV3WMY8fozPdIqKU3VWNzyQ

Neben einem informativen und gut inszenierten Inhalt spielt auch die Verbreitung deiner Videos eine wichtige Rolle für den Erfolg. Du merkst, es geht wieder um das altbekannte Thema Traffic. Denn die sozialen Netzwerke bieten dir die Grundlage für eine weitreichende Verbreitung. Du kannst deine Videos nicht nur auf YouTube einstellen, sondern sie auch auf Facebook, Instagram etc. teilen und so dafür sorgen, dass User bspw. auf den integrierten Affiliate-Link klicken oder deine Dienstleistung in Anspruch nehmen.

Doch nicht nur die Verbreitung deiner Videos auf anderen sozialen Netzwerken reicht aus, um deinen YouTube-Kanal wachsen zu lassen. Du solltest deine Videos zudem SEO-optimieren. SEO-Arbeit auf YouTube? Ja klar, auch hier gibt es schließlich Texte. Und auch hier spielen spezielle Ranking-Faktoren eine bedeutende Rolle. Warum? Ich hatte zu Beginn ja angekündigt, dass YouTube hinter Google die meist genutzte Suchmaschine ist. Und Suchmaschinen funktionieren zumeist ziemlich ähnlich. Beachte dafür also folgende Tipps:

1: Optimiere die Wiedergabezeit deines Kanals

Damit deine Videos besser ranken, muss der gesamte Kanal eine hohe Wiedergabezeit und viele Abonnenten besitzen. Als Gesamtzeit für die YouTube-Optimierung gilt dabei das Ergebnis aus den Aufrufzahlen und der durchschnittlichen Wiedergabedauer. Aber Vorsicht: Damit meine ich nicht, dass deine Videos unnötig lang werden sollen. Lange Videos schrecken ab, daher achten auch wir darauf, dass unsere Videos immer zwischen acht und höchstens 15 Minuten lang sind.

2: Nutze starke Keywords im Titel

Finde heraus, welche aussagekräftigen Keywords zu deinem Video passen. Hast du eins ermittelt, solltest du dieses auch prominent im Titel platzieren.

3. Erstelle attraktive Thumbnails

Mit Thumbnail ist das Vorschaubild deines YouTube-Videos gemeint. Deshalb gilt die Auswahl des Thumbnails als entscheidender Erfolgsfaktor. Denn nur wenn ein Vorschaubild das Interesse der Zuschauer weckt, steigen auch die Klickzahlen des YouTube-Videos. Genau deshalb geben wir uns beim Design unserer Thumbnails auch so große Mühe, wie du hier sehen kannst.

(Wer mal auf unserem Youtube Account vorbeischauen und sich die anderen Thumbnails angucken möchte:
▶ www.youtube.com/user/GRUENDERde/videos)

4. Passende SEO-Tags

Um erkennen zu können, in welchem Bereich ein YouTube-Video einzuordnen ist, nutzt YouTube die sogenannten Tags. Diese Schlagwörter lassen sich aber auch zur YouTube-SEO-Optimierung nutzen, da sie alle Nutzer beim Upload selbst festlegen. Dadurch steigen auch die Chancen, mit den passenden SEO-Tags bei YouTube ganz oben zu stehen.

5. Beziehe die Zuschauer mit ein

Der YouTube-Algorithmus analysiert die Interaktion rund um deine Videos und damit auch den Kommentarbereich. Deshalb solltest du auch immer zu einer Interaktion aufzurufen, Fragen beantworten oder Meinungen kommentieren.

YouTube: Community Management

Mit einer starken und loyalen YouTube-Community steht und fällt der Erfolg eines YouTube-Kanals. Für einen erfolgreichen YouTube-Kanal reicht es nicht aus, täglich Videos hochzuladen. Denn der YouTube-Algorithmus analysiert neben den Klicks ganz genau, ob deine Videos auch geteilt und kommentiert werden. Nur so zeigt YouTube deine Videos ganz oben an oder schlägt sie anderen Nutzern vor. Das führt wiederum zu mehr Klicks und höheren Einnahmen. Deshalb ist es entscheidend, sich auf die YouTube-Community zu fokussieren und die Ansprüche deiner Follower zu erfüllen. Das Ziel: Die Interaktionen auf deinem Kanal zu beobachten und letztendlich zu erhöhen. Dafür möchte ich dir sechs Tipps geben, die deine Zuschauer zum Kommentieren und Teilen deiner Videos bewegen.

1. Im Video zur Interaktion aufrufen

Du solltest in jedem Video zur Interaktion aufrufen. Dabei kannst du zum Beispiel eine Frage stellen und um eine Stellungnahme in den Kommentaren bitten. Wähle dafür am besten ein Thema aus, das verschiedene Meinungen beinhaltet und Potenzial für einen regen Austausch bietet.

2. Auf Zuschauer-Kommentare reagieren

Wichtig ist es auch, die Video-Kommentare zu lesen und auf prägnante Fragen zu antworten. Außerdem bietet es sich an, besondere Äußerungen als sogenannte Top-Kommentare zu markieren. Diese Markierung ist im Kommentarbereich mit einem kleinen Herzen und deinem Profilbild zu sehen.

3. Kritik immer zulassen

Kritik zu bestimmten Videos solltest du keinesfalls löschen oder ignorieren. Besser ist es, die Meinung deiner Zuschauer anzunehmen und möglicherweise auch in die Planung deiner Videos mit einzubeziehen. Wenn die Kritik in Form einer Frage formuliert ist, lohnt sich zudem eine öffentliche Antwort darauf.

4. Weitere Plattformen einbeziehen

Beziehe auch andere soziale Netzwerke ein. Dazu gehören zum Beispiel Facebook, Instagram, TikTok oder auch Snapchat. Denn im Normalfall sind deine Zuschauer auch dort aktiv und werden auf neue Videos aufmerksam.

5. Mit anderen YouTubern vernetzen

Je größer die Reichweite, desto positiver die Auswirkungen auf dein YouTube-Community Management. Deshalb solltest du die Chance nutzen, dich mit anderen YouTubern zu vernetzen und zum Beispiel eine Kooperation zu vereinbaren. Dabei könnt ihr euch gegenseitig Kommentare hinterlassen oder eure Videos bzw. den gesamten YouTube-Kanal verlinken.

6. Deine Inhalte regelmäßig überprüfen

Nicht immer sind sinnvolle Ideen oder hilfreiche Kritik in deinen Kommentaren vorhanden. Trotzdem kann der Kommentarbereich einen guten Eindruck zur gesamten Stimmung des YouTube-Kanals vermitteln. Werte diese Stimmung regelmäßig aus und versuche auch deine Zielgruppe zu bestimmen.

YouTube: Ads

Werbung auf YouTube zu schalten lohnt sich. Denn YouTube-Anzeigen können bestehende Kunden abholen und neue Zielgruppen erschließen. Heutzutage gehören Videoclips zu den erfolgreichsten Content-Formaten im Internet und werden auf allen Online- und Social Media-Plattformen verstärkt eingesetzt. Daher eignen sie sich perfekt, um Werbung zu schalten.

YouTube bietet dir die Möglichkeit, individuelle und kreative Werbung zu schalten und dies auf verschiedenen Wegen. Damit du diese Chance auch wahrnehmen kannst, benötigst du einen YouTube-Account. Diesen solltest du allerdings nicht leer und verwaist wirken lassen, sondern regelmäßig mit qualitativ hochwertigem Content bespielen.

Zudem benötigst du einen Google Ads-Account. Denn darüber wird die Werbebuchung abgewickelt. Auch umfangreiche Statistiken und Auswertungen deine aktuellen Klickraten werden dir dort angezeigt. So kannst du deine Werbung besser analysieren.

Die Werbebuchung erfolgt dann innerhalb von wenigen Minuten und gestaltet sich als nicht sonderlich schwierig. Dir stehen verschiedene Möglichkeiten zur Verfügung, bezüglich der Zielgruppe, des Targetings und auch der Art deiner Werbung. Das ist ein großer Vorteil für dich, so kannst du YouTube-Werbung für deine Zielgruppe nach Alter, Geschlecht, Standort und Interessen festlegen. Auf diese Weise wird dein Marketing deutlich effektiver, denn nur die eigentlichen Interessenten bekommen die Werbung geschaltet, sodass sich dein Produkt oder deine Dienstleistung noch besser verkaufen lässt.

Für deine erste Ad musst du folgende Schritte durchlaufen (Wenn du bereits auf Facebook und Instagram Werbung schaltest, wird dir das hier ebenfalls gelingen):

1. Kampagne anlegen: Name einstellen und Typ wählen
2. Budget festlegen
3. Zeitraum, Werbenetzwerk, Standort, Gebotsstrategie und Geräte festlegen
4. Zielgruppe und Reichweite definieren
5. Video für die Werbung hochladen oder passendes Video auf der Plattform finden

Für die Wahl einer Plattform und die Gestaltung von Werbeanzeigen ist natürlich auch der Preis entscheidend. So wie bei Werbeanzeigen auf Facebook und Google hängen die Kosten für deine Werbung auch bei YouTube von der jeweiligen Werbeform und dessen Länge ab. Hinzu kommen dein Budget und die Laufzeit der Werbekampagne. Auch der Zeitpunkt kann den Preis beeinflussen. **Wichtig zu wissen: Du bezahlst nur dann, wenn User deine Werbung auch ansehen oder anklicken bzw. mit ihr interagieren.**

TikTok: Positionierung & Reichweite

TikTok ist aus der Social Media-Welt nicht mehr wegzudenken. Der einstige Social Media-Trend aus Asien verzeichnet mittlerweile eine unglaublich hohe Zahl an Nutzern. Lustige Videos und kleine Tanzeinlagen mit musikalischer Untermalung sind charakteristisch für die Social Media-Plattform und füllen den Alltag vieler Jugendlicher. Doch nicht nur diese sind auf der Plattform vertreten, auch immer mehr andere relevante Zielgruppen. Daher lohnt sich ein vertiefender Blick aus unternehmerischer Seite, um TikTok für die eigene Marketingstrategie zu entdecken.

TikTok kannst du als ein soziales Video-Netzwerk verstehen, welches aus der Lip-Sync-App „musical.ly“ und dem asiatischen Pendant Douyin entstanden ist. Die TikTok-Nutzer können auf der Plattform kurze Videos konsumieren und auch selbst erstellte, kurze Videos hochladen. Mit Filtern und Effekten lassen sich die Clips bearbeiten und erinnern dadurch an bereits bekannte Netzwerke wie Instagram oder Snapchat. TikTok setzt also ebenfalls auf ein hohes Engagement der Nutzer.

Besonders charakteristisch ist das vertikale Videoformat der Plattform, wodurch die Nutzung speziell auf Smartphones ausgerichtet ist. Doch wer nutzt TikTok? Eine berechtigte Frage, schließlich lohnt sich die Präsenz auf diesem Netzwerk nur, wenn du auch deine Zielgruppe erreichen kannst.

In Europa nutzen mehr als 100 Millionen Menschen TikTok. Allein in Deutschland sind es über zehn Millionen Nutzer. Grundsätzlich geht aus Nutzeranalysen des Netzwerkes hervor, dass der Großteil der Nutzer zwischen 16 und 24 Jahren alt sind Zudem ist die Mehrheit der TikTok-Nutzer weiblich. **Somit ist ganz klar – der Fokus liegt bei TikTok, zumindest momentan noch, vor allem auf der jüngeren Generation.** Anhand dieser Informationen solltest du entscheiden, ob TikTok für dich und dein Unternehmen die richtige Kommunikationsplattform darstellt.

Grundsätzlich kann es sich für jedes Unternehmen lohnen, auf TikTok aktiv zu werden – wenn die Zielgruppe passt. Ob du Produkte anbietest oder Dienstleistungen verkaufst, hier kann jeder kreativ tätig sein. Trotzdem eignet sich dieser Kanal eher für B2C- als für B2B-Unternehmen. Weil viele Firmen TikTok noch nicht als Kommunikationskanal entdeckt haben, stellen diese auch keine geeignete Zielgruppe für TikTok dar. Wer hier aber aktiv sein möchte, muss vor allem ein Anforderungskriterium erfüllen: Kreativität. Denn um auf dieser Plattform mitspielen zu können, musst du kreativ sein, Lust und Zeit haben, dich mit immer wieder neuen Beiträgen zu beschäftigen und vor allem mit deiner Zielgruppe zu interagieren. Und dies gelingt nur, wenn du dir lustige und unterhaltsame Kurzvideos einfallen lässt.

Orientiert man sich an den erfolgreichsten Videos der Plattform, kann ich für dich folgende Content-Empfehlungen ableiten:

- TikTok ist prädestiniert dafür, mit lustigen und unterhaltenden Videos Einblicke in dein Unternehmen zu gewähren. Es eignet sich also dafür, Mitarbeiter in den Fokus zu stellen, dich selbst oder Unternehmenspartner.
- Neue Produkte kannst du ganz leicht bewerben, in dem du sie in deine Videos einbindest. Und das am besten, wenn sie im Gebrauch sind, wie bspw. in kurzen und ansprechenden Tutorials.
- Ob Sport, Mode oder Tiere – mit Hashtag-Challenges, die die Follower aktiv zur Produktion ähnlicher Videos auffordern, kann jedes Thema viral gehen.

TikTok: Ads

Es gibt auch die Möglichkeit, Ads über TikTok spielen zu lassen. Diese Funktion bietet relativ viel Potenzial, denn der Inhalt auf der Plattform ist überwiegend organisch und genau so sind auch die Ad-Formate gestaltet. Die wichtigsten Formate möchte ich dir daher kurz vorstellen.

1. **In Feed-Ads/Native Ads:**
   Bei diesem Werbeformat werden Videos direkt im TikTok-Feed ausgespielt. Diese Anzeigen sind gekennzeichnet und betten sich optisch im Feed sehr gut ein. Du kannst sie daher mit den üblichen Werbeformaten bei Facebook und Instagram vergleichen. Über diese In Feed-Ads kannst deine Reichweite und Interaktion steigern, weil sie der passenden Zielgruppe angezeigt werden.

2. **Brand Takeover Anzeigen:**
   Dieses Anzeigenformat wird direkt beim Öffnen der App angezeigt und ist somit die auffälligste Variante. Über diese Banner-Anzeige kannst du die Nutzer entweder zu einem bestimmten TikTok-Video führen oder sogar auf eine externe Webseite weiterleiten.

3. **Topview Ads:**
   Diese Ads sind im Prinzip wie Brand Takeover Anzeigen aufgebaut. Hierbei erscheint die Anzeige zunächst für einige Sekunden im Vollbildmodus und wechselt dann in die normale Feed-Ansicht. Dadurch bekommen User die Möglichkeit, die von dir geschaltete Werbung zu liken, zu kommentieren und zu teilen.

4. **Hashtag-Challenge:**
   Banal gesagt „kaufst“ du dir mit dieser Ad-Variante einen Hashtag bei TikTok für den Zeitraum einer Woche. Die Plattform schaltet auf der „For You-Seite” einen Banner und die User können innerhalb dieser Woche ihren eigenen Challenge-Beitrag filmen und posten. Durch Challenges wird verhältnismäßig viel Traffic erzeugt. Dadurch ist die geschaltete Werbung sehr prominent und dauerhaft sichtbar.

Übrigens: Die TikTok-Werbung ist im Preis deutlich angestiegen. Die Werbekosten für eine In-Feed Ad belaufen sich zum Beispiel auf 10 US-Dollar pro CPM, das sind die Kosten pro 1.000 Aufrufe. Gleichzeitig ist die Chance aber groß, dass du dich auf der am schnellsten wachsenden Social Media-App der Welt von Beginn an perfekt positionierst.

LinkedIn: Positionierung & Reichweite

LinkedIn gehört seit einigen Jahren zu den erfolgreichsten Berufsnetzwerken im World Wide Web. Weltweit verzeichnet das soziale Netzwerk Nutzer im dreistelligen Millionenbereich. Auf LinkedIn wird sich nicht nur beruflich vernetzt – die Plattform bietet auch viele Möglichkeiten, das eigene Unternehmen gut darzustellen und wichtigen Content zu teilen. Vielleicht kennst du auch Xing – die deutschsprachige Variante von LinkedIn. Da LinkedIn aber international von Bedeutung ist, möchte ich dir diesen Kanal für deine Marketingstrategie hier vorstellen. Du kannst das meiste aber auch auf Xing anwenden.

LinkedIn ist ein Social Media-Kanal, der sich im Unterschied zu Facebook und Instagram auf die Verknüpfung von beruflichen Kontakten fokussiert. Hier steht also ganz klar die Karriere und das berufliche Netzwerk im Vordergrund. Deshalb werden Seriosität und Professionalität groß geschrieben.

Unabhängig vom Inhalt funktioniert LinkedIn genauso wie die meisten sozialen Netzwerke. Auch hier kannst du Beiträge posten, teilen, liken und dir merken. Jeder Nutzer kann sich ein Profil erstellen, dort die wichtigsten Daten über sich und seinen beruflichen Werdegang preisgeben sowie Qualifikationen und Interessen aufführen. Du kannst externe Webseiten eingepflegen, Gruppen erstellen und dich mit anderen vernetzen.

Aber genauso wie du ein privates Profil erstellen kannst, ermöglicht LinkedIn auch Unternehmensprofile. Über ein Unternehmensprofil kannst du nicht nur Recruiting-Prozesse starten, sondern auch die Markenbekanntheit deines Online Business steigern. Außerdem lassen sich Kunden über neue Produkte, Dienstleistungen und Angebote informieren, Branchennews teilen, aber eben auch Leads generieren. **Deshalb ist LinkedIn für Unternehmen auch so interessant.**

Um hier erfolgreich zu sein, solltest du professionell und strukturiert dein Unternehmensprofil aufbauen. Dazu gehört nicht nur ein vollständiges und ansprechendes Profil, sondern auch die Vernetzung mit Partnern, Kunden und vor allem Mitarbeitern. So wie andere soziale Netzwerke lebt auch LinkedIn von Interaktion zwischen den Nutzern. Also solltest du diese Interaktion fördern und aktiv den Austausch suchen.

Sicherlich fragst du dich, wen du über LinkedIn überhaupt erreichst? Und welche Zielgruppe hier unterwegs ist? Das sind wichtige Fragen. Denn von diesen hängt maßgeblich ab, ob sich ein Markenauftritt für dich lohnt. In erster Linie findest du auf LinkedIn folgende Zielgruppen:

- Menschen, die auf der Suche nach einem neuen Job sind
- Unternehmen, die in der gleichen Branche sind
- Fachexperten, wie Blogger, Journalisten oder Führungsexperten anderer Firmen
- Selbstständige, Freiberufler und Coaches
- B2B- und B2C-Unternehmen

Um eine große Reichweite auf LinkedIn zu erreichen und dich optimal zu positionieren, möchte ich dir ein paar Tipps nennen.

1. Baue dir ein hochwertiges Netzwerk auf. Vernetze dich mit Branchenexperten, Partnerunternehmen und auch anderen Firmen, zu denen dein Content thematisch passt. Auch Blogger, Journalisten und einfach interessierte Menschen werten dein Netzwerk auf.
2. Der LinkedIn-Algorithmus bewertet und ordnet die Beiträge vor allem nach ihrer Relevanz für die Nutzer. Daher sollte jeder Beitrag einen Mehrwert besitzen und auf die Nachfragen ausgerichtet sein.
3. Bilder und Videos funktionieren sehr viel besser als bloße Textbeiträge. Schau also, dass deine Beiträge mit attraktiven Bildern aufbereitet sind, die Interesse wecken und die Nutzer beim Durchsehen des Newsfeeds „stoppen“ lassen.

4. Aktivität auf dem Profil ist besonders wichtig, veröffentliche also in regelmäßigen Abständen Content.
5. Bei LinkedIn kannst du Fokusseiten erstellen. Diese werden auch Showcase Pages genannt und haben die Funktion, bestimmte Themen oder Bereiche deines Unternehmens hervorzuheben. Sind Nutzer also primär an einem bestimmten Bereich interessiert, bekommen sie dazu gesonderte Informationen auf der Fokusseite.

LinkedIn: Community Management

Klar, dein Ziel ist es, Kunden zu generieren und Produkte zu verkaufen. Aber auf LinkedIn sind besonders Mitarbeiter wichtig. Diese können als Multiplikatoren extrem relevant für dein Unternehmen werden. **Egal wie groß dein Business ist – versuche deine Mitarbeiter, wenn du bereits welche angestellt hast, zu motivieren, sich mit deinem Unternehmensprofil zu vernetzen, denn sie können als wertvolle Markenbotschafter fungieren.** Reagieren sie bspw. auf deine Beiträge, stärkt dies das Vertrauen und kann Diskussionen fördern. Teilen deine Mitarbeiter die Unternehmensbeiträge auch, werden diese wiederum einem größeren Publikum angezeigt.

Auf LinkedIn können deine Mitarbeiter dich und dein Unternehmen zudem als Arbeitgeber angeben und auch ihre jeweilige Position im Unternehmen sichtbar machen. So bekommt deine Unternehmensseite eine Verlinkung auf die jeweiligen Nutzerseiten und animiert vielleicht Freunde oder Bekannte deiner Mitarbeiter, auf deiner Seite vorbeizuschauen.

So wie du auf Facebook Gruppen gründen kannst, ist dies auch auf LinkedIn möglich. Gruppen, in der sich Interessierte und Fachpersonal austauschen können, kannst du auf deiner Unternehmensseite gut integrieren. Du kannst aber auch als Unternehmen einer schon bestehenden Gruppe beitreten. Dafür zeigt dir LinkedIn sogar schon passende Gruppen an, in denen du dein Fachwissen mit anderen Nutzern teilst. Nutze diese Chance, als aktive, agile und moderne Firma wahrgenommen zu werden und überzeuge als Branchenexperte.

LinkedIn: Ads

Auch auf LinkedIn kannst du Werbeanzeigen nutzen, um deine Reichweite zu erhöhen. Und auch hier unterscheidet man zwischen verschiedenen Anzeigetypen – diese möchte ich dir ebenfalls kurz vorstellen.

Sponsored Content

Beim Sponsored Content handelt es sich im Grunde um beworbene LinkedIn-Posts. Hier kannst du zwischen den Anzeigeformaten Single Image Ads, Video Ads und Carousel Ads wählen.

Direct Sponsored Content

Der Direct Sponsored Content wird im Gegensatz zum Sponsored Content nicht als Update auf deiner Unternehmensseite oder Fokusseite angezeigt, bevor er als Werbung erscheint. Trotzdem sieht er aber wie ein normaler LinkedIn-Post aus. So kannst du die Anzeige auf eine bestimmte Zielgruppe zuschneiden und unterschiedliche Versionen testen, ohne dass du dies auf der eigenen Unternehmensseite siehst.

Message Ads

Bei den Message Ads werden Werbenachrichten direkt in die Postfächer der LinkedIn-Nutzer geschickt. Laut LinkedIn soll dies zu mehr Conversion führen, als es bei E-Mails der Fall wäre. Der Nachteil ist hier, dass sich die Nutzer von den Message Ads abmelden können.

Text Ads

Die Text Ads erscheinen bei der Desktop-Version auf der rechten Seite des LinkedIn-Feeds. Diese enthalten eine kurze Überschrift, einen Werbetext und ein kleines quadratisches Bild.

Dynamic Ads

Diese Werbeanzeigen erscheinen bei LinkedIn ebenfalls auf der rechten Seite des Bildschirms und sehen den Text Ads somit sehr ähnlich. Der Unterschied ist aber, dass jede Anzeige personalisiert und automatisch an das Profil der Betrachter angepasst wird.

Linkedin Audience Network

Mit dem LinkedIn Audience Network ist es möglich, die gewünschte Zielgruppe auf tausenden Partner-Apps und -Webseiten mit gesponserten Inhalten aufmerksam zu machen und ihnen darüber Informationen bereitzustellen.

Influencer Marketing

Werbung war schon immer ein wichtiger Bestandteil jeder Verkaufsstrategie. Jedes Unternehmen bemüht sich, ein neues Produkt bekannt zu machen und potenzielle Kunden von der Qualität oder der Sinnhaftigkeit eines Produktes bzw. einer Dienstleistung zu überzeugen. Immer wieder werden neue Strategien entwickelt, von denen sich Unternehmen noch größere Wirkung erhoffen. Besonders durch die Entwicklung der sozialen Netzwerke bieten sich ganz neue Perspektiven, möglichst viele Menschen zu erreichen. Und das sogenannte Influencer Marketing gewinnt dabei immer mehr an Bedeutung.

Zuerst sollten wir erst einmal klären, was genau unter Influencern verstanden wird. Unter Influencern verstehen Werbefachleute Meinungsmacher und Multiplikatoren. Ein Influencer ist also eine Person, die im Internet einen hohen Bekanntheitsgrad besitzt und die von vielen Menschen über die sozialen Netzwerke beobachtet wird. Diese Person ist in der Lage, andere zu beeinflussen und sie für etwas zu begeistern. Aus diesem Grund wird sie von Unternehmen für Werbezwecke genutzt. Dabei arbeitet ein Influencer sehr vielfältig. Die Person ist nicht nur online über Blogs, Webseiten, Foren oder Accounts in sozialen Netzwerken aktiv, sondern macht auch im privaten Umfeld immer und überall Werbung, ob auf Veranstaltungen, Partys oder im Urlaub.

Du kannst dir das nicht wirklich vorstellen? Lass mich dir ein Beispiel nennen. Eine Influencerin steht bei einem angesagten Uhren-Label unter Vertrag, soll für eine ganz bestimmte Uhr werben und bekommt ein Exemplar zugeschickt. Die Uhr trägt sie dann vermutlich nicht nur in einem Video, sondern auch abends beim Ausgehen oder am Strand. Die Follower sehen die Uhr quasi überall und unterbewusst entsteht der Wunsch, diese zu kaufen. Hört sich zu einfach an? Ja schon, aber es funktioniert. Deutlich schwieriger ist hingegen, den passenden Influencer für seine Produkte zu finden. Erinnerst du dich noch an Bianca Claßen, über die ich im Kapitel 3 gesprochen habe? Das ist eine der bekanntesten deutschen Influencerinnen. Wenn du einmal auf einem ihrer Account „BibisBeautyPalace" vorbeischaust, kannst du sehen, dass sie für verschiedene Firmen Werbung macht. Bspw. einfach durch einen Post auf Instagram für Oceans Apart, eine nachhaltige Activewear-Marke.

Wenn du beabsichtigst, deinen Erfolg durch den Einsatz von Influencern zu steigern, dann solltest du in der Regel auf Influencer zurückgreifen, die über eine möglichst große Reichweite verfügen, die also extrem viele Follower besitzen. Und bisher waren Experten der Meinung, dass mehr Follower auch mehr Verkäufe nach sich ziehen. Aber diese Auffassung wandelt sich. Neuere Erfahrungen zeigen, dass ein Influencer mit weniger, aber dafür umso engagierteren Followern nicht weniger erfolgreich ist – ganz im Gegenteil. Es scheint tatsächlich lukrativer zu sein, 1.000 Follower zu haben, die einen wirklich „lieben" als zwei Millionen, die einen lediglich „mögen".

Das Geheimnis ist, dass Influencer, deren Kanäle thematisch perfekt zu deinem Produkt passen und die sich voll und ganz mit dem von dir angebotenen Nischenprodukt identifizieren, es auch sehr viel besser bewerben können als Influencer, der zwar extrem viele Follower besitzen, denen dein Produkt aber eigentlich egal ist. **Setze daher lieber nicht auf die großen Meinungsmacher, sondern halte viel eher in Nischen nach geeigneten Influencern Ausschau.**

Jetzt möchtest du sicherlich wissen, wie du zum perfekten Influencer für dein Online Business kommst. Und mit perfekt meine ich nicht, dass dieser wahnsinnig bekannt sein muss, sondern vor allem zu deiner Marke passen soll. Er muss das Gefühl und den Lifestyle, den du mit deinen Produkten vermitteln möchtest, ebenfalls vermitteln. Befolge daher am besten diesen Plan:

1. Gehe auf Recherche. Wer ist in den sozialen Netzwerken in deiner Nische besonders bekannt? Hast du einen Influencer gefunden, solltest du vor der Kontaktaufnahme bereits seine Beiträge kommentieren, liken oder teilen.

2. Setze bei der Kontaktaufnahme auf eine persönliche Anrede und versuche Vertrauen aufzubauen.

3. Versuche eine Win-Win-Situation zu kreieren und schlage eine Kooperation vor, die für beide Seiten von Vorteil ist.

4. Investiere Zeit und Geduld in deinen Influencer. Eine harmonische Zusammenarbeit wirkt sich direkt auf die Umsätze aus.

5. Überlass auch mal dem Influencer die Führung und Verantwortung, wie er oder sie genau für dich werben will. Meist kann der Influencer die Inhalte in Eigenregie viel besser umsetzen.

Der ein oder andere mag an dieser Stelle denken: Puh, sich so von einer Person abhängig zu machen, kann auch ein Risiko sein. Tja, das ist absolut richtig. Aber Umfragen haben ergeben, dass sich Kunden heute nicht mehr von traditionellen Formen der Werbung angesprochen fühlen. Vor allem jüngere Generationen möchten keine allzu idealisierte Darstellung. Sie wünschen sich vielmehr eine realistische, ganz natürliche Werbung. Dies gelingt nach Meinung von Werbefachleuten am besten, wenn Influencer ganz subtil und fast nebenbei für ein Produkt werben. Und das gelingt wiederum nur, wenn sie von dem Produkt selbst überzeugt sind. Ganz nach dem Motto: Was man im Alltag selbst benutzt, kann man auch sehr viel besser empfehlen.

Mein Fazit zu Influencer Marketing

Im Gegensatz zum Schalten einer Werbeanzeige ist die Arbeit mit Influencern sehr viel persönlicher. Als Unternehmen hat man nämlich keine bloße Software vor sich, sondern einen Menschen, im besten Fall sogar Branchenkenner und Experten. Die Zusammenarbeit mit Influencern solltest du daher immer als Beziehung verstehen.

User Generated Content

Du brauchst für deine sozialen Netzwerke neue Inhalte und spannenden Content, der deine User auch wirklich anspricht? Warum machst du es dir dann nicht einfach und lässt die User selbst ran? Ja, das ist möglich – mit User Generated Content.

User Generated Content (UGC) oder User Driven Content steht für Inhalte, die nicht von einem Unternehmen, sondern von den Nutzern selbst erstellt werden. Solche Inhalte können bspw. Bilder, Bewertungen, Kommentare oder Blogartikel sein. Gerade durch Social Media-Kanäle hat die Bedeutung von User Generated Content stark zugenommen. Denn hier haben die Nutzern viele Möglichkeiten eigenen Content zu erstellen und öffentlich zu teilen. Und genau diese Inhalte lassen sich auch sehr gut als strategisches Instrument für dein eigenes Marketing verwenden.

Im Prinzip geht es darum, dass Fans deiner eigenen Marke gebrandete Inhalte erstellen. **Das Vertrauen in deine Marke steigt, weil nicht nur du selbst, sondern auch Kunden sich positiv zu deiner Marke äußern.** Damit steigt die Authentizität enorm an und du kannst die Bindung zu deinen Kunden stärken. Entdeckst du also auf den sozialen Netzwerken User Generated Content von deiner eigenen Marke, solltest du demjenigen, der es erstellt hat, ein Feedback geben. Denn das gibt deinen Kunden zusätzliche Bestätigung.

Nutzer, die potenziell dazu bereit sind, User Generated Content zu erstellen, sind meistens absolut begeistert von deinem Business und deinen Produkten. Sonst würden sie diesen Aufwand nicht betreiben. Sie sind so überzeugt davon, dass sie anderen eine Empfehlung aussprechen und sie ebenfalls zur Nutzung des Produktes inspirieren. Solche Nutzer sind Gold wert. Eine Grundvoraussetzung ist allerdings, dass du mit deinem Geschäftsmodell überzeugst. Das geht zum Beispiel, indem du einen tollen Service, ein einzigartiges Produkt oder eine ausgezeichnete Dienstleistung anbietest.

Dass User Beiträge auf Social Media-Kanälen bspw. unter deinem Marken-Hashtag posten, kannst du immer ein Stück weit beeinflussen. Hier lässt sich die Motivation für das Unternehmen unterstützen, indem du bspw. Challenges ins Leben rufst, bei denen die User Preise gewinnen können. Das motiviert dann auch Nutzer, die sonst wahrscheinlich keine Inhalte erstellt hätten. Dabei solltest du keine Scheu haben, den Nutzern genau zu sagen, welche Art von Content erwünscht ist. Viele motiviert das noch mehr, da sie so eine gewisse Herausforderung annehmen.

Zudem ist es wichtig, dass bei den Kunden eine Art Verlangen nach der Marke geweckt wird. Und das geht nur, wenn du deine Zielgruppe ganz genau kennst und weißt, was sie braucht. Nur so kannst du ideal auf deren Bedürfnisse eingehen und Produkte so gestalten, dass diese sie unbedingt kaufen wollen. Aber auch dann funktioniert User Generated Content nur, wenn eine gewisse Loyalität von den Nutzern zu deinem Unternehmen besteht.

Und das passiert erst nach einer gewissen Zeit. Hier heißt es also geduldig sein und den Usern zeigen, dass ihre Unterstützung wertgeschätzt wird.

Damit du aber auch hier mit praxisnahem Wissen gefüttert wirst, will ich dir ein paar Tipps präsentieren, wie du Kunden zu Erstellung von User Generated Content überzeugen kannst.

1. Um Erlaubnis fragen: Frage die Nutzen immer, ob du ihre Bilder nutzen oder teilen darfst. Ansonsten kann es für dich Probleme mit dem Urheberrecht geben.
2. Belohnungen anbieten: Mache ein Gewinnspiel, bei denen die Nutzer Inhalte erstellen sollen. Das gibt ihnen nochmal einen besonderen Ansporn.
3. Wünsche äußern: Wenn du Challenges oder Gewinnspiele veranstaltest, definiere immer, welche Art von Inhalten du dir wünschst. Ansonsten kannst du die Inhalte am Ende vielleicht nicht gebrauchen.
4. Lerne aus den Inhalten: Oft kannst du aus den erstellten Inhalten viel über deine Nutzer lernen. Versuche also Wünsche aus dem Content abzuleiten und diese zu nutzen, um deine Produkte stetig zu verbessern.

Damit dir klar wird, wie einfach und genial User Generated Content sein kann, möchte ich dir ein konkretes Branchenbeispiel nennen.

Die Kaffeehaus-Kette Starbucks veranstaltete vor ein paar Jahren einen Wettbewerb, und zwar den „White Cup Contest". Starbucks bat seine Kunden darum, ein kreatives, selbst gezeichnetes Becher-Design auf einen weißen Starbucks-Cup zu zeichnen, ein Foto davon zu machen und es unter dem Kampagnen-Hashtag #whitecupcontest auf den sozialen Netzwerken zu veröffentlichen. Das Gewinner-Design würde dann als Vorlage für eine limitierte Ausgabe neuer Kaffeebecher dienen. Mit diesem Ansporn reichten fast 4.000 Kunden ihre Fotos ein und bescherten Starbucks damit unglaublich viel Social Media-Aktivität.

Mein Fazit zu User Generared Content

User Generated Content ist ein sehr wichtiges Werkzeug im Online Marketing, das du nicht unterschätzen solltest. Es kann dir viel Arbeit abnehmen, sollte aber nicht als Einladung verstanden werden, dich zurückzulehnen. Lerne stattdessen immer mehr über deine Zielgruppe, damit du die Produkte immer besser auf sie anpassen und so die Kundenbindung erhöhen kannst.

Social Listening

Für viele Unternehmen ist es gar nicht mehr wegzudenken. Andere hingegen entdecken die Vielfalt der vielseitigen Funktionen gerade erst für sich. Die Rede ist vom Social Listening. Mit Social Listening-Tools kannst du Erwähnungen und Diskussionen über dein Unternehmen oder deine Produkte im Internet finden und schnell auf diese reagieren. **Warum solltest du dies machen? Weil du wichtige Entwicklungen im Markt beobachten kannst. Im Idealfall bist du damit sogar schneller als deine Konkurrenz.**

Social Listening lässt sich gut mit dem „Abhören" von sozialen Plattformen im Internet beschreiben. Dabei geht es nicht nur um Social Media-Plattformen, sondern auch um Blogs, Foren oder Nachrichtenseiten. Unter Einsatz der richtigen Schlagwörter lassen sich so Diskussionen oder Erwähnungen über das eigene Unternehmen finden und daraus die Stimmungslage der Kunden ablesen. Ebenso kannst du nach eigenen Produkten suchen und so ausführliche Kundenbewertungen einholen. Auch für die Wettbewerbsanalyse ist Social Listening essentiell, da du so die Konkurrenz problemlos beobachten kannst.

Vielleicht hast du schon mal von dem Begriff Social Media-Monitoring gehört. Im ersten Moment lässt sich annehmen, dass es sich hier um dasselbe wie Social Listening handelt. Das ist so aber nicht richtig. Denn während sich Social Monitoring eher mit den Inhalten und Kennzahlen beschäftigt, analysiert Social Listening eher das Gefühl und die Stimmung hinter den Beiträgen. Wie steht die eigene Marke da? Wie reagieren die Menschen auf das eigene Unternehmen? Was halten die Kunden von den Produkten?

Die Vorteile der Strategie

Vielleicht mag dir Social Listening im ersten Moment etwas aufwendig vorkommen. Aber möchte ich dir an dieser Stelle einmal die Vorteile dieser Online Marketingstrategie aufzeigen.

Als Unternehmer hast du den Anspruch, dich und dein Business ständig zu verbessern. Das Abhören der sozialen Netzwerke bietet hier die ideale Möglichkeit, um zu verfolgen, wie im Internet über dein Unternehmen berichtet wird. Es kann dir bspw. dabei helfen, deine Kunden noch besser kennenzulernen. Menschen tauschen sich gerne aus und geben ihre Erfahrungen zu Produkten an andere weiter. Negative Erfahrungen sind da meistens beliebter als positive – umso wichtiger ist es, schnell darauf zu reagieren.

Durch das Durchsuchen von Foren und Netzwerken kannst du genau sehen, wie zufrieden oder unzufrieden deine Kunden mit deinen Produkten oder Dienstleistungen sind und daraufhin entsprechende Maßnahmen einleiten. Wenn du zum Beispiel ein neues Produkt auf den Markt bringst oder eine neue Anzeige online stellst, kannst du parallel im Internet beobachten, wie die Menschen darauf reagieren. Kommt die neue Strategie schlecht an, weißt du dank der vielen Meinungen sofort, woran es liegt und kannst deine Strategie anpassen. Auch für den Vergleich mit Mitbewerbern ist Social Listening ein wichtiges Instrument. Du kannst deine Konkurrenz damit genau beobachten, weißt genau, wenn sie ein neues Produkt herausbringen und wie dieses performt. Daraus kannst du sehr gut lernen und Schlüsse für dein eigenes Online Business ziehen.

Andersherum lassen sich auf dieselbe Weise aber auch Kooperationspartner, wie Influencer oder Markenbotschafter, finden. Wenn du einen weitreichenden Einblick in die wichtigsten Social Media-Plattformen hast, kannst du herausfinden, wer gerade wichtig ist und wer für eine Kooperation in Frage kommt.

So nutzt du Social Listening

Es gibt einige Tools, mit denen du dein Social Listening umsetzen kannst, bspw. mit Tools wie Mention, HubSpot oder Hootsuite. Um dann wirklich beginnen zu können, solltest du dir eine ganz wichtige und zentrale Frage stellen: Was will ich eigentlich beobachten? Hast du die Frage beantwortet, solltest du dich auf bestimmte Plattformen fokussieren, und zwar genau die, auf denen deine Zielgruppe unterwegs ist.

Im nächsten Schritt geht es darum, nach wichtigen und relevanten Schlagwörtern zu suchen. **Denke da nicht nur an deine eigenen Markennamen, sondern auch die der Konkurrenz.** Ich habe dir hier mal ein Liste angefertigt, an der du dich orientieren kannst:

- dein Markenname
- dein Nutzername auf Social Media
- der Name deiner Produkte
- Markennamen und Produktnamen der Konkurrenz
- wichtige Keywords aus der Branche
- Werbeslogans
- der Name der Geschäftsführer oder Mitarbeiter
- Kampagnen-Schlagwörter
- Marken-Hashtags
- Mein Fazit zu Social Listening

Wenn du immer auf dem Laufenden bleiben und dein Unternehmen und deine Produkte ständig weiterentwickeln willst, empfehle ich dir den Einsatz von Social Listening. Denn die Rückmeldung deiner Kunden und die Berichte über deine Produkte sind unentbehrlich, um ein erfolgreiches Online Business zu führen.

Storytelling

Mit jeder Marketingstrategie verfolgst du das immer gleiche Ziel: die Aufmerksamkeit der Zielgruppe zu erregen und sie zum Kauf zu motivieren. Im besten Fall überzeugst du mit deinem Produkt, manchmal aber auch mit der Art deiner Kommunikation. Doch kaum etwas überzeugt Kunden so sehr wie eine spannende, emotionale Geschichte, die Menschen berührt und mit der sie sich ein Stück weit identifizieren können. Solche Geschichten kannst du auch im Marketing einsetze: mit Storytelling.

Mit Storytelling lassen sich Informationen zu deinem Unternehmen, deinem Produkt oder deiner Dienstleistung innerhalb eines Erzählrahmens präsentieren. Es geht also darum, vielleicht eher trockene Informationen durch eine emotionale, spannende oder lustige Geschichte besser zu vermitteln, die letztendlich auf eine Botschaft hinausführt. Mit dem Ziel, deine Kunden emotional an deine Marke binden. **Egal, welche Produkte du verkaufst – jeder Unternehmer hat eine Geschichte zu erzählen.**

Eins der berühmtesten und bekanntesten Storytelling-Beispiele ist die Weihnachtswerbung von Edeka unter dem Hashtag #heimkommen. Hier wird die Geschichte eines alten Mannes erzählt, der Weihnachten alleine verbringt und seine Familie vermisst, weil diese zu beschäftigt ist, ihn an Weihnachten zu besuchen. Doch alles ändert sich, als die Familie eine Nachricht über den Tod des alten Mannes erhält und plötzlich aus allen Teilen der Erde sofort anreist. Geplagt von Schuldgefühlen treffen alle Familienmitglieder am Haus ein, in dem der ältere Mann an einer gedeckten Tafel wartet und vor seinen Familienmitgliedern die Worte äußert: „Wie hätte ich euch denn sonst alle zusammenbringen sollen?“ Erleichtert fallen sich alle in die Arme und verbringen ein fröhlichen Weihnachtsabend zusammen. Mit dieser Story vermittelte Edeka nicht nur pure Emotionen, sondern auch die Botschaft, an die wirklich wichtigen Sachen im Leben zu denken. (Wer sich das mal in Video-Form anschauen möchte:

Bildquelle: EDEKA

▶ www.youtube.com/watch?v=V6-0kYhqoRo

Storytelling funktioniert im Marketing so gut, weil wir Menschen es lieben, Geschichten zu erzählen. Geschichten ermöglichen nicht nur Kindern, die Welt besser zu verstehen, sie können komplizierte Sachverhalt auch für uns Erwachsene verständlicher darstellen. Schon damals schilderte man Erlebnisse durch Höhlenmalerei, um seine Erfahrungen für die Nachwelt festzuhalten und weiterzugeben. Die Menschen saßen zusammen am Lagerfeuer und erzählten sich Mythen und Sagen, um Informationen und gesellschaftliche Konventionen vereinfacht darzustellen. Durch Geschichten lernen wir und können uns Aussagen besser merken, da wir verschiedenen Informationsmustern Bedeutungen zuweisen. Besonders dann, wenn uns Erzählungen berühren und begeistern.

- Storytelling im Marketing verfolgt daher diese Ziele:
- die Aufmerksamkeit zu erhöhen
- Informationen langfristiger im Kopf zu behalten
- Botschaften verständlicher zu vermitteln
- die Markenbindung durch Emotionen zu stärken
- eine höhere Glaubwürdigkeit zu bewirken

Im Prinzip lässt sich zu jedem Sachverhalt eine gute Geschichte entwickeln. So wie es Edeka vorgemacht hat. Du kannst zu deinem Produkt eine Story erzählen, über deine Kampagne und deinen Slogan, zu deinem Unternehmen oder deiner Gründungsgeschichte, aber auch über gewisse Personen. Denn gute Geschichten brauchen starke Charaktere und genau darauf zielt Storytelling ab: Personalisierung. Du hast eine einzigartige Gründungsgeschichte? Dein Team setzt sich aus außergewöhnlichen Menschen zusammen? Stecken hinter deinem Produkt auch deine persönlichen Bedürfnisse und Wünsche? **Versuche, deinem Unternehmen, deinem Produkt oder deiner Kampagne ein Gesicht und eine Botschaft zu geben.**

So konzipierst du eine Storyline

Für ein gelungenes Storytelling brauchst du eine Storyline. Und jede Story beginnt mit einer Botschaft. Was möchtest du eigentlich vermitteln? Was soll deine Zielgruppe aus dieser Geschichte mitnehmen?

Konzentriere dich auf die Kernelemente einer guten Geschichte. Eine Geschichte wird üblicherweise von mindestens einer Figur getragen, mit der sich die Zielgruppe identifizieren sollte. Es reicht schon aus, wenn die

Figur ein Attribut besitzt, welches viele Menschen auch sich selbst zuschreiben würden. Schau also, dass du weißt, wer zu deiner Zielgruppe gehört und was die Wünsche, Bedürfnisse und vielleicht auch Ängste dieser Menschen sind.

In den meisten Geschichten gibt es ein Problem, das im Laufe der Erzählung gelöst wird. Das Lösen dieses Konfliktes kann dann der rote Faden in deinem Plot sein, an dem sich deine Geschichte entlang hangelt. Dabei muss deine Story nicht fiktiv sein. Wenn du bspw. eine spannende Gründungsgeschichte erzählen willst, dann ist es umso authentischer, wenn du als Gründer vor der Kamera stehst.

Steht deine Geschichte dann, solltest du überlegen, wie du diese kommunizierst. Am besten funktionieren bewegte Bilder. Diese erregen deutlich mehr Aufmerksamkeit und können Emotionen sehr viel besser transportieren. Daher eignen sich Foto-Stories, Videos für Werbespots und Social Media-Kanäle wie YouTube, Instagram und Facebook. Soziale Netzwerke bieten zudem die Möglichkeit, dass Videos, die den User besonders gut gefallen, viral gehen können.

Mein Fazit zu Storytelling

Egal ob völlig verrückt, traurig, dramatisch oder lustig – sobald Menschen emotional berührt und persönlich angesprochen werden, bleibt ihnen die Story, Marke und das Unternehmen viel eher im Kopf als eine bloße Informationsvermittlung oder plumpe Werbung.

Chatbots

Eine Online Marketingstrategie, die sehr oft unterschätzt wird, ist das Einsetzen von Chatbots. Diese Programme können die gesamte Kundenzufriedenheit verbessern und dadurch auch deine Umsätze erhöhen. Hört sich gut an? Das ist es auch.

Ein Chatbot ist ein Programm mit künstlicher Intelligenz für automatisierte Kommunikation. Dabei handelt es sich nicht um einen Roboter, der aktiv Vorgänge koordiniert und individuelle Handlungen ausführt. Das wäre wirklich traumhaft. Es handelt sich hier um eine Software bzw. um spezielle Cloud-Dienste, die automatisiert funktionieren und vor allem im Kundenkontakt eingesetzt werden können. Sicherlich bist du schon mal mit einem Chatbot in Berührung gekommen. Erkennbar sind Chatbots als kleine Dialogfenster auf Webseiten, in die User ihre Fragen eintippen können. Die Antworten auf diese Fragen entsprechen einem vorher festgelegten Schema und werden direkt an die Nutzer gesendet. Mittlerweile ist es möglich, die Bots auch in den WhatsApp- oder Facebook-Messenger zu integrieren.

Chatbots sollen die unternehmensinternen Abläufe deines Online Business erleichtern und lassen sich vielfältig einsetzen. Die folgenden drei Bereiche sind dabei möglich.

1. Chatbots im Kundenservice

Wenn du einen Chatbot im Kundenservice einsetzt, kannst du nicht nur schnell auf Kundenanfragen reagieren, sondern auch bestimmte Abläufe erklären lassen. Das ist zum Beispiel praktisch bei einem Online Shop, wenn deine Kunden eine Frage zur Versanddauer haben. Dann können Chatbots diese Frage innerhalb weniger Sekunden beantworten und das zu jeder Tages- bzw. Nachtzeit. So sparst du nicht nur Zeit, sondern auch zusätzliche Mitarbeiter, die solche Fragen per Mail beantworten müssten.

Falls eine zu komplizierte Frage auftaucht, lassen sich Chatbots zudem so programmieren, dass sie diese Frage zu deinen Mitarbeitern oder an ein Support-Team weiterleiten.

2. Chatbots im Sales

Auch im Sales-Bereich kannst du Chatbots einsetzen, um deine Umsätze zu steigern oder neue Kunden zu gewinnen. Denn prinzipiell lassen sich die Programme während eines Kaufprozesses oder auch nach einem Sale verwenden. Zum Beispiel kann die Software Fragen zum Produkt beantworten, ausgefüllte Kontaktformulare nach potenziellen Kunden durchsuchen oder auch Vertriebstermine koordinieren.

3. Chatbots im Marketing

Eine weitere Einsatzmöglichkeit für Chatbots bietet das Marketing. Denn die Technologie eignet sich auch für Unterhaltungszwecke, wenn zum Beispiel animierte Figuren plötzlich ein Gespräch mit deinen Kunden beginnen, um Fragen zu beantworten. Dadurch bleiben Marken oder Webseiten im Gedächtnis und das steigert die Kundenbindung.

Ich möchte dir alle Vorteile nochmal separat auflisten:

- **Ständige Verfügbarkeit:** Deine Kunden können den Chatbot jederzeit nutzen, da keine vordefinierten Arbeitszeiten existieren.
- **Hohe Reichweite:** Ein Chatbot lässt sich in verschiedene Sprachen übersetzen, wodurch sich die Reichweite deiner Webseite bzw. deines Kundenservices insgesamt steigern lässt.
- **Positives Kundenerlebnis:** Wenn deine Kunden jederzeit Antworten auf ihre Fragen erhalten, steigt die Kundenzufriedenheit und damit auch das Kaufpotenzial.

- **Finanzielle Entlastung:** Durch einen Chatbot lassen sich die Arbeitszeiten der Mitarbeiter verringern.

Du bist auf den Geschmack gekommen? Kann ich gut verstehen. Daher gebe ich dir an dieser Stelle drei einfache Tipps für die Umsetzung.

1. Tipp: Überprüfe den Nutzen

Nicht immer passt ein Chatbot zum Geschäftsmodell, deshalb solltest du den Nutzen vorher überprüfen. Dafür ist es wichtig, deine Zielgruppe zu definieren und die Bedürfnisse deiner Kunden zu kennen. Wenn du zum Beispiel komplizierte Produkte online verkaufst und auch der Versand einige Besonderheiten beinhaltet, kann ein Chatbot möglicherweise nicht weiterhelfen. Im Gegenteil sogar. Er kann für noch größere Verwirrung sorgen.

2. Tipp: Vergleiche die Anbieter

Bei der Suche nach passenden Chatbot-Anbietern lohnt sich immer ein Vergleich, um das beste Angebot zu fairen Konditionen zu ergattern. Bekannte Anbieter sind zum Beispiel Botsify und Pandorabots. Dabei starten die Preise insgesamt ab 1.500 Euro für ein simples Programm mit einfachen Fragen und enden bei 100.000 Euro mit einer eigens programmierten Software, die mehrere Funktionen gleichzeitig abdeckt. Du siehst, nach oben sind keine Grenzen gesetzt.

3. Tipp: Gewährleiste Transparenz

Wenn dein Chatbot Daten sammelt, solltest du das erwähnen und in deiner Datenschutzerklärung festhalten. Zwar verbessern diese Daten die generellen Funktionen und helfen letztendlich auch den Nutzern, doch diesen Prozess solltest du genauestens erklären. Ansonsten könnten deine Webseitenbesucher das Angebot bewusst umgehen oder sich über Social Media sogar negativ zu deinem Unternehmen äußern. Das solltest du unbedingt vermeiden!

Mein Fazit zu Chatbots

Ob Chatbots zu deinem Business passen oder nicht, lässt sich pauschal nicht beantworten. Deshalb ist es sinnvoll, zuerst die einzelnen Vorgänge in deinem Arbeitsalltag zu überblicken. Wenn du feststellst, dass sich bestimmte Vorgänge ideal von einem Programm abwickeln lassen, lohnt sich die Investition. Doch auch dann solltest du die einzelnen Angebote vergleichen und die einzelnen Programme vorher ausführlich testen.

Schlusswort

Nun sind wir am Ende des Buches angekommen. Im besten Fall konntest du während der Lektüre deine Vision ausformulieren, erste Pläne schmieden und ein konkretes Geschäftsmodell für dein Online Business konzipieren. Im Idealfall hast du nun alles mit an die Hand bekommen, um sofort zu starten.

Mit geht es vor allem darum, dass du nun verstanden hast, dass es zur Gründung eines Online Business nicht darauf ankommt, den perfekten Businessplan zu schreiben, fünf Jahre am perfekten Finanzierungskonzept herumzufeilen, jede Eventualität zu berücksichtigen und am Ende nie wirklich zu starten. Was es für eine erfolgreiche Gründung braucht, sind Entschlossenheit, Mut, der richtige Fokus und vor allem Spaß an der Umsetzung deiner Idee.

Für alles Wichtige rund um spezielle Fachthemen gibt es Beratungsangebote, Experten und Fachliteratur, durch die du an das nötige Fachwissen kommst. Auch dieses Buch soll dazu beitragen, dich im Bereich Online Marketing bestens vorzubereiten. Mit diesem Buch möchte ich dir zeigen, wie die Marketing-Welt funktioniert und welche Möglichkeiten und Potenziale du innerhalb dieses Kosmos für dein Online Business nutzen kannst. Ich möchte dir die besten und effektivsten Strategien aufzeigen, mit denen du dein Business zum Erfolg führst – praxiserprobt.

Für mich als Gründer, Unternehmer und Coach gibt es nichts Erfüllenderes, als Menschen dabei zu unterstützen, ihren Traum der Selbstständigkeit zu verwirklichen. Mit ihnen gemeinsam Pläne zu entwickeln, diese individuell auf sie anzupassen und ihnen dann zuzuschauen, wie sie die Früchte des Erfolgs ernten. Das ist es, was mich jeden Tag anspornt. In zehn Jahren habe ich über 500 erfolgreiche Gründungen begleitet und eines der größten Experten-Netzwerke Deutschlands aufgebaut. Und aus dieser Erfahrung weiß ich, dass die meisten Gründer ihrem Erfolg oftmals selbst im Weg stehen.

Aber nicht du. Denn du weißt nun, welche Schritte du gehen musst, von der Idee bis zur Umsetzung. Welches Geschäftsmodell zu deiner Geschäftsidee und zu dir als Gründerpersönlichkeit passt. Wie du mit diesem Geschäftsmodell Geld verdienst und mit den richtigen Online Marketingstrategien Aufmerksamkeit generierst, um letztendlich dein Online Business wachsen zu lassen.

Das sind nicht nur Floskeln. Über meinen persönlichen Instagram-Account kannst du mehr Insights aus meinen Alltag als Unternehmer erfahren, also folge mir dort gerne. Aber auch anders herum. Ich würde gerne an deinem Weg teilhaben und miterleben, wie es bei dir vorwärts geht. Daher lass uns dort gerne in den Austausch gehen, schreib mir eine Direct Message oder schick mir eine Sprachnachricht und berichte mir von dem Aufbau und Erfolgen deines Online Business.

Leg los und erfülle dir deinen Traum!

Dein Thomas Klußmann

BONUS

Bonus: Tool-Liste

Wenn du alle drei Teile meines Buches durchgearbeitet hast, bist du wirklich gut vorbereitet auf den Start in deine eigene Selbstständigkeit. Du kennst die wichtigsten Punkte eines modifizierten Businessplans, kannst das zu dir am besten passendste Online Geschäftsmodelle auswählen und es mit den verschiedenen Online Marketingstrategien auf das nächste Level heben.

Als Bonus habe ich aber noch etwas ganz Entscheidendes für dich vorbereitet: Eine Tool-Liste mit den besten Programmen, Werkzeugen, Softwares und Plattformen, die deine Produktivität steigern und dir beim Skalieren deines Business helfen. Am Gründer.de Pfeil neben dem Tool erkennst du immer, welches auch wir täglich nutzen und ich dir daher wärmstens empfehlen kann!

Projektmanagement-Tools

Google Drive

Google Drive bietet sich als perfektes Tool an, wenn Dokumente gesammelt, organisiert und innerhalb eines Teams geteilt werden sollen. Die Grundversion ist kostenlos. Für unbegrenzten Speicherplatz kann man Google Wordspace hinzubuchen. Hier kommst du zu Google Drive:

► www.google.com/intl/de/drive

ClickUp

ClickUp ist ein Projektmanagement Tool mit umfangreichen Funktionen. Hiermit lassen sich Projekte mit verschiedenen Aufgaben planen, die einzelnen Mitarbeitern zugeordnet werden können. Funktionen wie bspw. Kalender, Kommentarfunktion oder Checklisten ergänzen ClickUp und steigern Effektivität und Produktivität des Projektmanagements. Es gibt eine kostenlose Grundversion, für mehr Funktionen zahlt man neun US-Dollar im Monat. Hier kommst du zu Clickup:

► www.clickup.com

Slack

Slack ist ein Tool, welches die Kommunikation eines ganzen Teams oder Unternehmens zusammenführt. Neben einzelnen Gesprächen zwischen

zwei Personen können auch Teamchats geführt werden. Ab 6,25 Euro monatlich kannst du bereits die Pro-Version nutzen. Hier kommst du zu Slack:
► www.slack.com/intl/de-de

Design, Grafik & Gestaltung

Cover Commander

Wer überzeugende Buchcover oder Produktbilder gestalten möchte, kann das hervorragend mit Cover Commander von Insofta Development machen und sich das Programm einfach herunterladen. Mit zahlreichen Vorlagen und Schritt-für-Schritt-Anleitung gelingt die Covergestaltung ganz einfach. Hier kommst du zu Cover Commander:
► www.insofta.com/de/cover-commander

Cover Action Pro

Professionelle Cover für Bücher, E-Books und Magazine kannst du mit Cover Action Pro entwerfen. Obwohl die Benutzeroberfläche an Photoshop erinnert, musst du dafür keine Photoshop-Erfahrung haben. Auch 3D-Mockups kannst du mit dieser Software sehr gut erstellen. Hier kommst du zu Cover Action Pro:
► www.coveractionpro.com

Microsoft Powerpoint

Warum Powerpoint hier aufgeführt wird? Weil viele es noch immer für die Erstellung von Präsentationen und Vorträge verwenden – und das zurecht, da es benutzerfreundlich ist und dir die Möglichkeit bietet, sehr schnell und einfach deine Folien für das nächste Webinar zu bauen. Hier kommst du zu Microsoft Powerpoint:

▶ www.microsoft.com/de-de/microsoft-365/powerpoint

Canva

Gestalte deinen Bild-Content auf professionelle Art und Weise. Besonders für die Erstellung von Social Media-Beiträgen eignet sich das Tool ganz hervorragend. Canva gibt es in der Grundversion kostenlos, Canva Pro für 11,99 Euro pro Monat. Hier kommst du zu Canva:

▶ www.canva.com/de_de

Adobe Illustrator

Wer es noch professioneller und individueller mag, kann Illustrator verwenden – besonders geeignet für die Erstellung von Logos und Grafiken. Erstelle verschiedene Grafiken und erhalte Zugriff auf Premium-Schriften. 100 GB Cloud-Speicherplatz. Die ersten sieb Tage kostenlos, danach dann 23,79 Euro pro Monat. Hier kommst du zu Adobe Illustrator:

▶ www.adobe.com/de/products/illustrator.html

Adobe Creative Cloud

Eine weitere tolle Adobe Lösung möchte ich dir nicht vorenthalten: die Creative Cloud. Es gibt eine Vielzahl von Adobe Programmen rund um Kreativprozesse wie Fotografie, Video, Grafikdesign, UI/UX, PDF, 3D/AR und Social Media. Nutzt du mehr als eins, kann sich die Creative Cloud lohnen: Für 59,49 Euro pro Monat hast du damit Zugriff auf alle Adobe Programme. Schau dir also zuerst die Monatsabos der einzelnen Applikationen an, für die du dich interessierst. Dann kannst du überprüfen, ob sich die Creative Cloud für dich lohnen würde. Hier kommst du zur Creative Cloud:

► **www.adobe.com/de/creativecloud.html.**

OBS Studio

Mit der freien Software OBS Studio (Open Broadcaster Software) nimmst du deinen Desktop inkl. Ton auf. Du kannst sogar live streamen und ganz flexibel Bilder oder auch lokale Video- und Audiodateien einbinden. Besonders gut eignet sich OBS Studio auch für die Aufzeichnung von Webinaren, die du automatisieren möchtest. Hier kommst du zu OBS Studio:

► **www.obsproject.com/de/download.**

SEO

Sistrix

Mit Sistrix hast du ein Tool an der Hand, mit dem du die Sichtbarkeit deiner Webseite messen und mithilfe von Analysen und Auswertungen deine Rankings verbessern kannst. Mit Sistrix kannst du die besten Keywords anhand von Suchvolumen und Suchintention herausfiltern und für deine SEO-Arbeit nutzen. Überprüfe, wie SEO-optimiert deine Blogbeiträge, Artikel oder einzelne Webseiten sind und nutze diese Daten, um dich von deiner Konkurrenz abzuheben. Hier kommst du zu Sistrix:
▶ www.sistrix.de

Ubersuggest

Ubersuggest ist ein kostenloses Keyword-Recherche-Tool, von dem du Keyword-Vorschläge, Content-Ideen und auch Backlink-Daten bekommst. Es eignet sich ideal, um deine Online Marketingstrategie zu vervollständigen und gute SEO-Arbeit zu leisten. Hier kommst du zu Ubersuggest:
▶ www.neilpatel.com/de/ubersuggest

Keyword Tool.io

Bei der Keyword-Recherche leistet das Online Marketing-Tool Keywordtool.io sehr gute Dienste. Du kannst Suchbegriffe eingeben und bekommst eine Vielzahl einzigartiger Keywords vorgeschlagen. Dabei kannst du zwischen vielen Sprachvarianten und Suchmaschinen wählen. In der Pro-Variante bekommst du zu jedem Keyword das monatliche Suchvolumen angezeigt. Doch auch die kostenfreie Variante hilft dir, passende Themen für dein Online-Marketing zu finden und ist daher vor der Texterstellung ein absolutes Musthave. Hier kommst du zu Keyword Tool.io:

▶ www.keywordtool.io

Google Keyword Planer

Google Keyword Planer ermöglicht dir die Ermittlung des Suchvolumens verschiedener Keywords und Trends, das Anfertigen von Keyword-Listen und das Abrufen von Prognosen für Kampagnen und Keywords. Mit einem Google Ads-Konto kannst du diese Funktionen kostenlos nutzen. Hier kommst du zum Keyword Planer und kannste dir ein Google Ads Konto anlegen:

▶ www.ads.google.com/intl/de_de/home/tools/keyword-planner

Google Trends

Für die Trendbeobachtung im Speziellen lässt sich auch sehr gut Google Trends nutzen. Mit dieser kostenlosen Funktion kannst du dir die Entwicklung der Google Suchanfragen in den letzten Monaten und Jahren ansehen. Hier kommst du zu Google Trends:

▶ https://trends.google.de/

Backlink-Tool

Apropos Backlinks: Diese sind elementar wichtig für die Beurteilung der Relevanz einer Seite durch Google. Dein direkter Konkurrent hat mehr Besucher auf seiner Seite, obwohl dein Content genauso gut oder besser ist? Vielleicht liegt an seinen starken Backlinks? Lass dir von jeder beliebigen Seite kostenlos ein vollständiges Linkprofil anzeigen. Hier kommst du zum Backlink-Tool:

► www.backlink-tool.org

Social Media & Social Listening

Mention

Mention ermöglicht dir, das Internet zu nach Erwähnung zu deinem Online Business zu überwachen, deinem Publikum zuzuhören und soziale Medien zu verwalten. Die Grundversion kannst du bereits kostenlos nutzen, mehr Funktionen bekommst du ab 29 Euro im Monat. Hier kommst du zu Mention:

► www.mention.com/en/

SentiOne

Wer in seiner Nische erfolgreich sein will, der braucht ein Gespür für die aktuellen Trends, die Stimmung der Influencer und der Zielgruppe und die Aktivitäten der Mitbewerber. Das Tool SentiOne kann sogar noch mehr. Es durchsucht tausende Internetquellen nach Erwähnungen und Kommentaren und ermöglicht so ein professionelles Social Listening. Hier kommst du zu SentiOne:

► www.sentione.com/de

Facebook Werbeanzeigenmanager

Die organische Reichweite von Facebook-Beiträgen sinkt kontinuierlich – dagegen helfen nur klug ausgerichtete Werbeanzeigen bei Facebook oder Instagram, die du mithilfe des Werbeanzeigenmanagers erstellen und verwalten kannst, Ausgaben frei wählbar. Hier kommst du zum Facebook Werbeanzeigenmanager:

► www.de-de.facebook.com/business/tools/ads-manager

Buffer

Ein cleveres Social Media Planner-Tool, mit Analyse-Funktionen und intuitiver Bedienung bekommst du mit Buffer. Die Grundversion ist kostenlos, ab fünf US-Dollar im Monat bekommst du bereits mehr Funktionen. Hier kommst du zu Buffer:

► www.buffer.com

Hootsuite

Ein ebenfalls cleveres Social Media Planner-Tool ist Hootsuite. Neben Analyse- und Monitoring-Funktionen, kannst du hiermit auch Anzeigen aufgeben und verwalten. Die Professional Version bekommst du dann für 39 Euro im Monat. Hier kommst du zu Hootsuite:

► www.hootsuite.com/de/

E-Mail-Marketing

CleverReach

Du willst mit deinen Kunden in Kontakt bleiben? Dann richte einen Newsletter ein, der durch eine kluge Frequenz und persönliche Ansprache einen positiven Eindruck beim Empfänger hinterlässt. CleverReach ist einfach zu bedienen und erfüllt die in Deutschland gültigen Datenschutzansprüche. Für den Anfang wirst du mit den 250 Empfängern und 1.000 monatlichen E-Mails, die du gratis verwalten kannst, gut zurechtkommen. Sollte das später nicht mehr reichen, sind die anfallenden Preise für eine Erweiterung sehr human. Hier kommst du zu CleverReach:

► www.cleverreach.com/de/

KlickTipp

Auch KlickTipp ist ein bewährtes E-Mail Marketing-Tool. Mit wenigen Mausklicks kannst du beeindruckende, mobile responsive E-Mails erstellen. Mit diesem Tool kannst du deine Kampagnen automatisieren und verschiedene Split-Tests durchführen. Die E-Mail-Datenbank ist außerdem tag-basiert aufgebaut, sodass du deine gewünschten Empfänger Zielgerichtet anschreiben kannst. Die Standard-Version beginnt bei 27 Euro im Monat. Hier kommst du zu KlickTipp:

► www.klicktipp.com

MailChimp

Millionen Kunden sind vom E-Mail-Programm MailChimp begeistert und daher soll es als eines der besten Anbieter auch in dieser Liste aufgezählt werden. Das Programm ist für alle kostenlos, die weniger als 2.000 Abonnenten haben und nicht mehr als 12.000 E-Mail pro Monat verschicken. Danach kannst du dir in verschiedenen Preiskategorien weitere Pakete dazu buchen. Hier kommst du zu MailChimp:

► www.mailchimp.com/de

Analyse- & Tracking-Tools

Google Analytics

Checke deine Erfolge – mit Google Analytics. Hier kannst du deine Daten rund um deine Webseite messen und analysieren. Es ist das ideale Tool für die Vorbereitungsphase einer späteren Optimierung. Das Tool ist kostenfrei bis zur Premium-Version. Hier kommst du zu Google Analytics:

► www.marketingplatform.google.com/intl/de/about/analytics

HubSpot

HubSpot ist einer der führenden Online-Marketing-Tools, wenn es um Marketing, Verkäufe und CRM-Software geht. Mit der HubSpot-Software hast du Zugriffe zu Tools, die dir unter anderem bei SEO, Social Media, deiner Webseite, Landing Pages, E-Mails und Analysen helfen. Somit hast du mit HubSpot im Grunde ein optimales Gesamtpaket, mit dem du ab 46 Euro im Monat starten kannst. Hier kommst du zu HubSpot:

► www.hubspot.de

PageSpeed Insights

PageSpeed Insights bewertet die Geschwindigkeit deiner Webseite getrennt nach Desktop und mobiler Ansicht. Das Tool aus dem Hause Google gibt dir Verbesserungsvorschläge an die Hand und überprüft außerdem, wie gut sich deine mobile Seite bedienen lässt. Hier kommst du zu PageSpeed Insights:

► www.developers.google.com/speed/pagespeed/insights/?hl=de

Google Ads

Mit Google Ads erzielst du Einblendungen deiner Seite oder Produkte, wenn Kunden nach entsprechenden Begriffen suchen, die du mit deinem Auftritt verknüpft hast. Während sich Werbung bei Facebook besonders dafür eignet, deine Marke bekannter zu machen und mit Storytelling und emotionalen Posts zu stärken, ist die direkte Werbung in der Suchmaschine sinnvoll, um konkrete Produkte und Angebote zu promoten. Hier kommst du zu Google Ads:

► www.ads.google.com/intl/de_de/home

Google Optimize

Mit Google Optimize kannst du die Performance deiner Webseite checken. Mit dem Tool lassen sich A/B-Tests zur Optimierung einer Webseite durchführen. Google Optimize gibt es in einer kostenlosen Variante, die dir als Gründer bereits gute Einblicke in deine Webseite gewährt. A/B-Tests, multivariates Testing und Personalisierung sind möglich. Möchtest du Google Optimize nutzen, musst du Google Analytics auf deiner Website eingebunden haben. Hier kommst du zu Google Optimize:

- www.marketingplatform.google.com/intl/de/about/optimize

Contact Form 7, Gratis-Kontaktformular, Wufoo und Typeform

Für eine schnelle Anfrage deiner Kunden solltest du auf deiner Website ein Kontaktformular einrichten. Bei WordPress ist zum Beispiel das Plugin Contact Form 7 empfehlenswert – es ist intuitiv bedienbar, leicht anzupassen und funktioniert gut. Du kannst dir auch ein eigenes Formular generieren, und dann als HTML-Code einbauen, zum Beispiel auf der Seite gratis-kontaktformular.

Sehr gut zum Erstellen von Formularen eignen sich auch Wufoo und Typeform. Wufoo bietet für das Erstellen grundlegender Formulare, bei denen nur begrenzte Antworten gesammelt werden, eine kostenlose Einsteiger-Variante an. Über Typeform lassen sich zusätzlich auch Umfragen, Fragebögen oder Quizze erstellen, über die Kundenfeedback gesammelt werden kann. Hier kommst du zu den Formularanbietern:

- Contact Form 7: www.de.wordpress.org/plugins/contact-form-7

Gratis-Kontaktformular:
▶ www.gratis-kontaktformular.de

Wufoo:
▶ www.wufoo.com

Typeform:
▶ www.typeform.com

Chatbots-Softwares

Botsify

Botsify ist eine Chatbot-Plattform, die eine einheitliche Chat-Automatisierung für deine Webseite bietet. Hier bekommst du einen Omnichannel-Live-Chat-Service, der mit mehreren Plattformen verbunden ist, um automatische Antworten einzustellen. Für 40 US-Dollar im Monat bekommst du die Basis-Variante. Hier kommst du zu Botsify:
▶ www.botsify.com

Pandorabots

Pandorabots ist eine Open Source Software. Das bedeutet, dass du jederzeit Zugriff auf den Code deines Chatbots hast. Es basiert auf der Programmiersprache AIML (Artificial Intelligence Markup Language) und ermöglicht dir den Inhalte zu bearbeiten. Die Small-Talk-Bibliotheken von Pandorabots decken die 10.000 wichtigsten Plaudereien ab – wodurch du Zeit sparen kannst Zudem kannst du es auch nicht nur auf deiner Webseite einsetzen, sondern bspw. auch im Facebook Messenger oder WhatsApp. Es gibt eine kostenlose Grundversion, mehrere Funktionen bekommst du aber erst ab 19 US-Dollar im Monat. Hier kommst du zu Pandorabots:

► **www.home.pandorabots.com/home.html**

Webinar-Programme & -Softwares

Webinaris

Hältst du immer wiederkehrende Online-Vorträge mit identischem Inhalt, kannst du diese mit Webinaris automatisieren. Du nimmst dein Webinar auf, lädst dieses bei Webinaris hoch und bestimmst, zu welchen Uhrzeiten und an welchen Tagen dein Webinar angeboten werden soll. Die Kunden können sich dann für den gewünschten Termin eintragen und erhalten automatisch per Mail die Zugangsdaten. Außerdem lassen sich auch Erinnerungen und Follow-up-E-Mails über Webinaris versenden. Hier kommst du zu Webinaris:

► www.webinaris.com

ClickMeeting

Mit ClickMeeting kannst du Online-Meetings einrichten, Live-Webinare durchführen und auch automatisierte Webinare einstellen und so dein Fachwissen an möglichst viele Menschen verbreiten. Auch hier gibt es mehrere Tarife, es gibt eine kostenlose Testversion, den ersten Tarif bekommst du bereits ab 22 Euro im Monat. Hier kommst du zu ClickMeeting:

► www.clickmeeting.com/de

GoToWebinar

Mit GoToWebinar kannst du ganz schnell und einfach Live-Veranstaltungen erstellen oder auch aufzeichnen. Hier hast du die Möglichkeit durch interaktive Funktionen und genaue Analysen an deinen Webinaren zu arbeiten, sie optimal auf deine Zielgruppe ausrichten und sie stetig zu verbessern. Die Basis-Version kostet dich 89 Euro im Jahr. Hier kommst du zu GoToWebinar:

► www.goto.com/de/webinar

edudip

Eine weitere Möglichkeit, um Webinare zu erstellen, ist edudip. Die Software kannst du nicht nur zur Erstellung von Webinaren nutzen, sondern auch als Content-Marketing-Tool, zur Neukundenakquise und als Recruiting-Tool. Die vielseitige Software kostet dich in der günstigsten Variante 34 Euro im Monat. Hier kommst du zu edudip:

► www.edudip.com/de

Zoom

Zoom ist eines der besten Video-Chat-Tools. Sowohl Gespräche zwischen zwei Teilnehmern als auch einem ganzen Team laufen problemlos. Die Basis-Version ist kostenlos, die Pro-Version kannst du für 13,99 Euro monatlich nutzen. Hier kommst du zu Zoom:

▶ www.zoom.us

Anbieter & Netzwerke

Elopage

Wenn du digitale Produkte anbieten möchtest, brauchst du eine Plattform, um sie deinen Kunden zur Verfügung zu stellen. Bei Elopage kannst du Online-Kurse, Dienstleistungen, Downloads oder auch Mitgliederbereiche erstellen. Zusätzlich kannst du über diese Plattform deine gesamte Zahlungsabwicklung organisieren. Hier kommst du zu Elopage:

▶ www.elopage.com

Eine ähnliche Software in Form einer Service-Lösung bietet übrigens Digistore24 an, die ich dir im nächsten Punkt auch als Affiliate Netzwerk vorstelle.

Digistore24, Awin, financeAds

Affiliate Netzwerke wie Awin, financeAds und Digistore24 verbinden als Plattformen Advertiser und Publisher (Affiliates). Awin ist der weltweit größte Anbieter für Affiliate Marketing, FinanceAds hat sich auf Banken, Versicherungen und FinTechs spezialisiert. Digistore24 ist auf den Vertrieb

von digitalen Produkten spezialisiert.
Hier kommst du zu den Plattformen:

Digistore24:
▶ www.digistore24.com/de

Awin:
▶ www.awin.com/de

financeAds:
▶ www.financeads.net

Printify, Amazon, Shopify, Printful, Gooten, Lulu Express

Printify, Amazon, Shopify, Printful, Gooten und Lulu Express gehören zu etablierten und vertrauensvollen Anbietern im Bereich Print on Demand, die sich in den letzten Jahren auf dem Markt durchgesetzt haben. Während sich Printify und Gooten eher auf Standardprodukte als auch außergewöhnliche Alltagsartikel spezialisiert haben, setzen Amazon und Printful eher auf Bücher, E-Books und andere Schriftstücke. Hier kommst du zu den Anbietern:

Printify:
▶ www.printify.com

Amazon:

▶ www.amazon.de

Shopify:

▶ www.shopify.de

Printful:

▶ www.printful.com/de

Gooten:

▶ www.gooten.com

Lulu Express:

▶ www.xpress.lulu.com

GRÜNDER.DE